U0244626

# "宏"是如此简单

[日] 渡部守 著

王非池 译

## 谁都能学会的 Excel VBA 自动化办公神技

中国青年出版社

**图书在版编目（CIP）数据**

"宏"是如此简单：谁都能学会的Excel VBA自动化办公神技／（日）渡部守著；王非池译. —北京：中国青年出版社，2023.4
ISBN 978-7-5153-6737-8

I.①宏… II.①渡… ②王… III.①表处理软件 IV.①TP391.13

中国版本图书馆CIP数据核字（2022）第144216号

**律师声明**

**侵权举报电话**

全国"扫黄打非"工作小组办公室
010-65233456  65212870
http://www.shdf.gov.cn

中国青年出版社
010-59231565
E-mail: editor@cypmedia.com

版权登记号01-2021-1170

EXCEL SHIGOTO NO JIDOKA GA DAREDEMO DEKIRU HON by Mamoru Watabe
Copyright © 2020 by Mamoru Watabe. All rights reserved.
Originally published in Japan by Nikkei Business Publications, Inc.
Simplified Chinese translation rights arranged with Nikkei Business Publications, Inc. through CREEK & RIVER Co., Ltd

**"宏"是如此简单：谁都能学会的Excel VBA自动化办公神技**

著　　者：[日]渡部守
译　　者：王非池

出版发行：中国青年出版社
地　　址：北京市东城区东四十二条21号
网　　址：www.cyp.com.cn
电　　话：（010）59231565
传　　真：（010）59231381
企　　划：北京中青雄狮数码传媒科技有限公司
主　　编：张鹏
策划编辑：张沣
执行编辑：张沣
责任编辑：刘稚清
封面设计：乌兰
印　　刷：天津融正印刷有限公司
开　　本：880x1230 1/32
印　　张：9
字　　数：286千字
版　　次：2023年4月北京第1版
印　　次：2023年4月第1次印刷
书　　号：ISBN 978-7-5153-6737-8
定　　价：88.00元（附赠超值秘料，含实例文件+配套教学视频+额外附赠资料）

本书如有印装质量等问题，请与本社联系　电话：（010）59231565
读者来信：reader@cypmedia.com　投稿邮箱：author@cypmedia.com
如有其他问题请访问我们的网站：http://www.cypmedia.com

# 写在前面的话：让我们现在就开始学习吧！

　　本书旨在帮助那些每日与Excel一起奋战的商务人士，让他们了解**宏应用的简单与便捷**，并**体会应用宏所带来的快乐**。本书对15年间订阅量超过10万人的电子杂志[*1]进行整理，并结合读者提供的反馈信息，承载着满满的技术干货。

## "实操" 才能进步！

　　本书并不是单纯用来阅读的书。学习宏的时候，如果没有**自己实际动手运行程序**的过程，就永远没办法提高实操水平。本书按照宏的制作顺序进行编排，每一节课约15分钟，需要反复多次（至少需要3次）回顾，一边观察宏的运作一边进行阅读。换言之，本书的课程只是提供了一个平台（即读者通过实操进行自学的场所），需要依靠**实际操作来加深理解**。

　　老实说，笔者对学习英语非常头疼。虽然经历了初中、高中以及大学两年的基础课，投入了不少时间拼命学习英语，但是到现在也无法与外国人顺利地进行日常对话。美国的小孩子3岁左右就能很流利地说英语了，他们都学过英文语法吗（比如现在分词、过去分词以及三单现等）？

---

*1　指的是2004年起以"三太郎"署名的发表于MAGMAG（まぐまぐ）的电子杂志《GO! GO! 开始Excel宏的旅途吧! 》

对于时间都投入Excel中的商务人士来说，需要的学习方法不是钻研语法，而是**反复不断地进行对话练习**。类比到宏的学习上，运用宏来"实际操作"就相当于在和计算机反复进行对话练习，简单来说，只有**"实操"才能进步**！

## "自动化"不需要艰深的术语！

本书不会使用任何晦涩难懂的术语。很多关于Excel宏的书籍中，都会使用大量很复杂的专业术语，比如对象（object）、集合（collection）、方法（method）、语句（statement）等。但是对于为了实现自动化而使用的宏来说，术语本身并不太重要。在学习宏的过程中，**术语的理解并非不可或缺的部分**（精通编程语言且拥有30年软件工程师履历的笔者下此定论）。

在充斥着各种信息的现代社会中，想要短时间内快速掌握某项事物，重要的不是要学习什么，而是分辨出不需要学习的部分。Excel用户学习宏的目的，并不是掌握让人摸不着头脑的VBA语言[*2]，而是**Excel事务的自动化（计算机作业的效率化）**。请务必不要弄错这个最终目的。

## "直接使用"就能收获快乐！

开始课程学习之后，相信读者很快就会发现，**本书教授宏的方法与其他书完全不同**。语法的学习非常困难，充满艰辛，但是**重视实操的本书学习起来会让人感到快乐**。宏最棒的一点就是可以把需要在Excel中费时费力手动完成的工作，于眨眼之间全都自动完成。能够学会这种事情怎么可能不开心！怎么样，**拿起本书开始宏的快乐学习之旅，由浅入深地掌握它吧**。这也是笔者编写本书最大的愿望。

---

[*2] Excel中被称为宏的功能，可以记录一连串的操作，并在需要的时候自动执行整个过程。Excel的宏本质上其实是由被称为VBA（Visual Basic for Application）的编程语言所写成的程序。

另外，本书卷末的附录中，提供了将初学者常用的50种语法汇总而成的"初级宏语法集"，以及让学完本书的读者进行实力检验的"初级宏检测"试题。希望各位读者可以在阅读本书时进行参照，或是阅读完毕之后再去尝试。

即便只是学会宏的小部分内容，也会给读者带来很多便利之处，对读者工作效率的提升有着莫大的帮助。这真的是一件让人非常开心的事情。相信只要有本书的**课程型宏学习法**，一定能马上消除读者对于宏持有的"不安"和"很困难"的印象。

那么，让我们现在就开始学习课程吧！


《GO！GO！开始Excel宏的旅途吧！》主创　渡部守

2020年2月

# 目录

写在前面的话

# 第1章 使用"录制宏"功能

# 第2章 掌握获取数据的基本方法

# 第3章　掌握创建宏的基本方法
## （循环与分支的结构）

# 第6章　通过宏复制工作表并自动保存为文件

# 第7章　应对错误的基本方法

第1章

# 使用"录制宏"功能

## 显示"开发工具"选项卡的方法

*在开始本书其他课程之前
请务必先阅读本课内容！！

在开始使用Excel的宏之前，先要依照下面的操作显示出"开发工具"选项卡。

本书适用于Excel 2019/2016/2013/2010等各个版本，但不同版本的设置方法有些差异，因此在下文介绍的设置方法中，请自行选择对应版本的部分进行阅读。

如果不清楚自己使用的Excel的版本，下面介绍一个最简单的辨别方法。启动Excel之后查看窗口的左上角，各个版本存在下图所示的外观差别，很容易就能辨别出来。

Excel 2019&2016　　　　　Excel 2013　　　　　Excel 2010

开始设置"开发工具"选项卡。首先要让"开发工具"选项卡（与宏相关的按钮和选项）显示出来。

❶ 启动Excel。在Windows搜索框中输入Excel之后单击启动（见下图）。若使用Excel 2013及之后的版本，还需要从Excel开始界面的模板列表中再选择空白工作簿。

（译者注：此处Excel的启动方式并非所有版本的计算机系统均可使用，推测作者使用的计算机系统版本与译者使用的相同，均为Windows 10。如若使用的是不同版本的计算机操作系统，请以自己使用的计算机操作系统中Excel的启动方式为准。）

❷ 打开 "Excel选项" 对话框。

在任意选项卡的空白处右击，选择菜单中的 "自定义功能区(R)" 命令（见下图）。

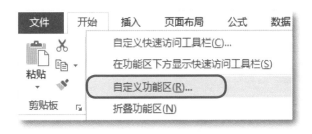

或者单击 "文件" 标签，在打开的列表中选择 "选项" 选项（见下图）。

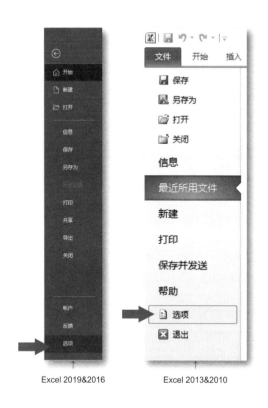

Excel 2019&2016          Excel 2013&2010

❸ 在弹出的"Excel选项"对话框左侧列表中，选择"自定义功能区"选项。

在右侧面板中，右半部分为"自定义功能区（B）"，在其下方勾选
"开发工具"复选框，然后单击"确定"按钮关闭对话框（见下图）。

设置好之后，在Excel的菜单栏中确认是否已经添加"开发工具"选项卡。

这样就完成了使用宏所需的选项卡设置。切换至"开发工具"选项卡，在功能区中可以看到名为"代码"的选项组，其中包括与宏有关的按钮。

本书之后的课程中，将会介绍"开发工具"选项卡下"代码"选项组中各个按钮的使用方法以及操作说明，因此在学习宏的过程中，请**务必保持"开发工具"选项卡为显示的状态**。

# 第1课
# 自动在单元格中添加文字

扫码看视频

## 制作"你好，世界！"宏

1. 启动Excel，再执行以下操作。

❶ 在"开发工具"选项卡下"代码"选项组中，单击"录制宏"按钮，弹出"录制宏"对话框之后，直接单击"确定"按钮。

单击"开发工具"选项卡下"代码"选项组中的"录制宏"按钮

直接单击"确定"按钮

❷ 在B2单元格中输入"你好，世界！"。

❸ 输入完成后按Enter（回车）键，单击"开发工具"选项卡下"代码"选项组中的"停止录制"按钮■。

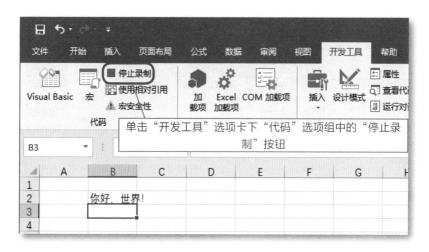

只需要以上简单的几步，就完成了"你好，世界！"宏的制作。

2. 执行宏。

❶ 在工作表下方单击Sheet1右侧的⊕按钮（"新工作表"按钮），创建新的工作表Sheet2，并打开该空白工作表。

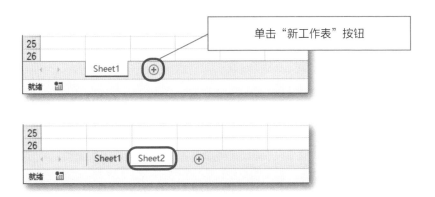

单击"新工作表"按钮

❷ 在"开发工具"选项卡下"代码"选项组中，单击"宏"按钮，弹出"宏"对话框后，直接单击"执行"按钮。

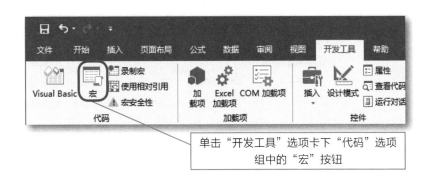

单击"开发工具"选项卡下"代码"选项组中的"宏"按钮

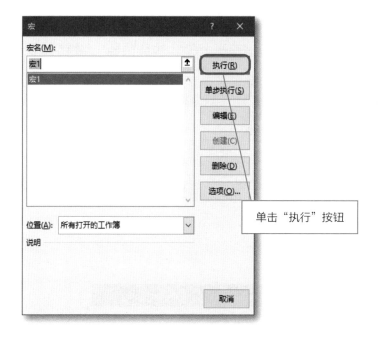

单击"执行"按钮

正常情况下，应该会在Sheet2工作表的B2单元格中自动输入"你好，世界！"的文本。

3. 查看一下刚制作好的宏，看看代码到底是什么样的。

❶ 在"开发工具"选项卡下的"代码"选项组中，单击Visual Basic按钮，会弹出与Excel不同的另一个窗口。

单击Visual Basic按钮

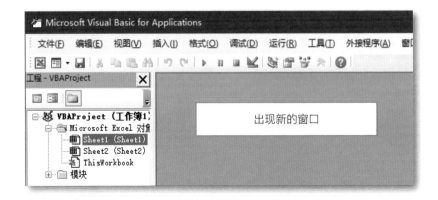

❷ 在窗口左侧的"工程"窗格中包含"模块"扩展选项，单击左侧的加号图标，展开下拉列表，然后双击"模块1"。

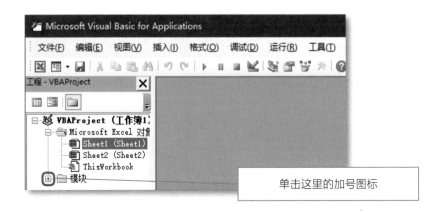

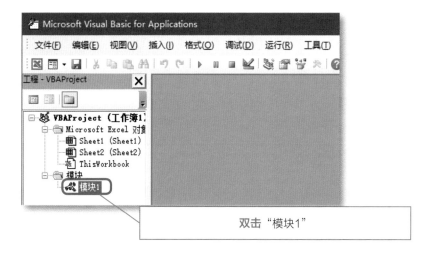

双击"模块1"

操作至此就会在右侧出现下图所示的代码，这正是本次制作"你好，世界！"宏时，自动生成的代码。

※现在不需要理解这些代码的含义！

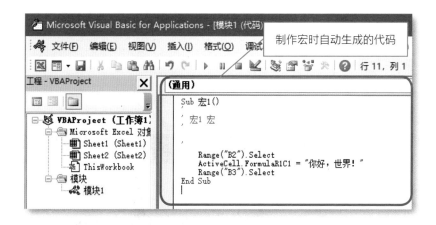

制作宏时自动生成的代码

```
Sub 宏1()
' 宏1 宏
'
    Range("B2").Select
    ActiveCell.FormulaR1C1 = "你好，世界！"
    Range("B3").Select
End Sub
```

4. 稍微修改一下这段宏代码。

把代码里的

```
ActiveCell.FormulaR1C1 = "你好，世界！"
```

改写成

```
ActiveCell.FormulaR1C1 = "哈罗，世界！"
```

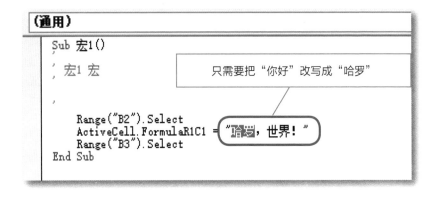

这样修改后的"哈罗，世界！"宏就完成了。

5. 执行一下试试。

通过任务栏切换回Excel窗口。

进行与步骤2相同的操作（可以继续使用Sheet2工作表）。在"开发工具"选项卡下的"代码"选项组中，单击"宏"按钮，弹出"宏"对话框之后直接单击"执行"按钮。

单击"开发工具"选项卡下的"代码"选项组中的"宏"按钮

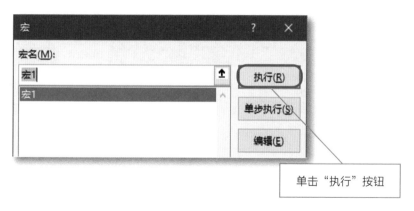

单击"执行"按钮

看一下，在Sheet2工作表中获得"哈罗，世界！"宏的结果了吗？

6. 再修改一下代码。

❶ 通过任务栏切换到之前修改代码的窗口，将代码中的

```
Range("B2").Select
```
修改为
```
Range("E10").Select
```

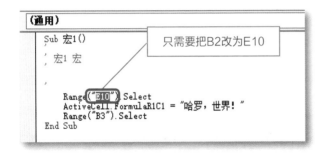

```
(通用)
    Sub 宏1()                     只需要把B2改为E10
    ' 宏1 宏
    '
        Range("E10").Select
        ActiveCell.FormulaR1C1 = "哈罗，世界！"
        Range("B3").Select
    End Sub
```

❷ 切换回Excel窗口（同样使用Sheet2工作表），在"开发工具"选项卡下的"代码"选项组中，单击"宏"按钮，弹出"宏"对话框之后直接单击"执行"按钮。

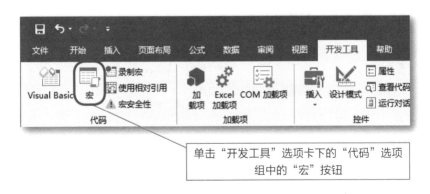

单击"开发工具"选项卡下的"代码"选项组中的"宏"按钮

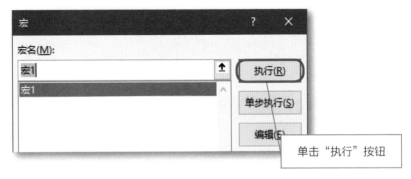

单击"执行"按钮

这次在工作表中间位置的E10单元格中，自动输入了文本"哈罗，世界！"。

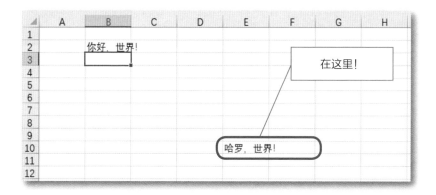

通过以上学习我们就可以利用宏，在某个位置（单元格）中自动输入指定的文字了！这代表我们已经在制作宏的旅途上迈出了第一步。

作为练习，请在自己喜欢的位置上，利用宏自动输入喜欢的文字吧。

本节课至此就全部结束了。有一点儿经验的读者可能会觉得"看起来好简单"。但是，本书正是以"谁都可以轻松做到"为宗旨，一步一步扎实地向前迈进的。

让我们向着下一节课前进吧！

# 第2课
# 如何使用录制好的宏

扫码看视频

## 制作一张会自动添加边框的简单表格

　　本节课将制作一张简单的表格，内容是根据每月收支金额统计年度总额。表格的行标题只需要"月份""收入额""支出额"3项。

1. 首先启动Excel，执行以下操作。

❶ 在"开发工具"选项卡下的"代码"选项组中，单击"录制宏"按钮，弹出"录制宏"对话框后直接单击"确定"按钮。

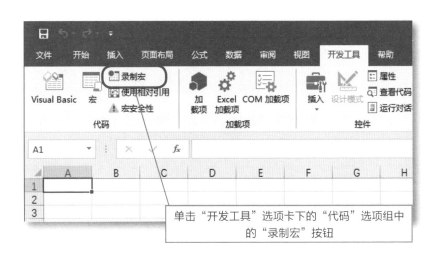

单击"开发工具"选项卡下的"代码"选项组中的"录制宏"按钮

单击"确定"按钮

❷ 从A1单元格开始，依次输入下图所示的各列表头，A1为"月份"，B1为"收入额"，C1为"支出额"。

❸ 从A2单元格开始依次输入月份，A2中输入1、A3中输入2、A4中输入3……A13中输入12。

❹ 在A14单元格中输入"总额"。

| | A | B | C | D | E |
|---|---|---|---|---|---|
| 1 | 月份 | 收入额 | 支出额 | | |
| 2 | 1 | | | | |
| 3 | 2 | | | | |
| 4 | 3 | | | | |
| 5 | 4 | | | | |
| 6 | 5 | | | | |
| 7 | 6 | | | | |
| 8 | 7 | | | | |
| 9 | 8 | | | | |
| 10 | 9 | | | | |
| 11 | 10 | | | | |
| 12 | 11 | | | | |
| 13 | 12 | | | | |
| 14 | 总额 | | | | |
| 15 | | | | | |
| 16 | | | | | |

❺输入完成后按下Enter（回车）键，在"开发工具"选项卡下的"代码"选项组中，单击"停止录制"按钮。

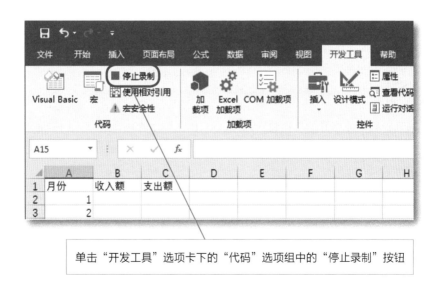

单击"开发工具"选项卡下的"代码"选项组中的"停止录制"按钮

至此，所需的预备工作就完成了。

2. 进入下一个阶段。

❶ 在Excel下方的工作表选项中，单击Sheet1右侧的"新工作表"按钮，创建并打开新的Sheet2工作表。

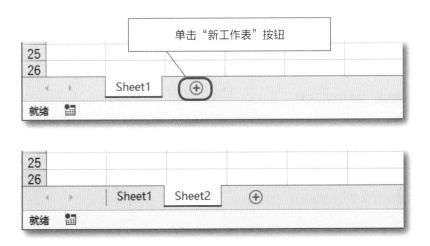

❷ 在"开发工具"选项卡下的"代码"选项组中，单击"宏"按钮，弹出"宏"对话框之后直接单击"执行"按钮。

単击"执行"按钮

　　在Sheet2中将自动生成一张与Sheet1完全相同的表格。至此的操作都与前一节课中介绍的内容一致。

3. 从此处开始才正式进入本课的要点。

　　对于一张表格来说，仅有以上内容会让人感觉有所欠缺，如果能够再加上边框或者公式就更好了。因此，可以依照下面的步骤进行操作。

❶ 保持Sheet2工作表为被激活状态，在"开发工具"选项卡下的"代码"选项组中，单击"录制宏"按钮，弹出"录制宏"对话框之后直接单击"确定"按钮。

❷ 进行边框的绘制。

※虽然随意绘制此处的边框没有太大关系，但会影响执行宏代码以后的外观，因此建议尽量按照
　说明进行操作。

选中A1:C14单元格区域。

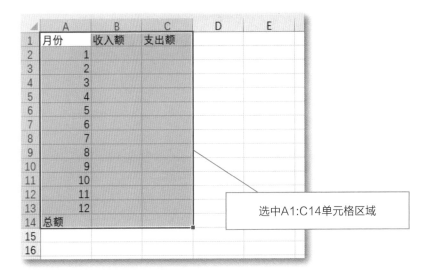

选中A1:C14单元格区域

在"开始"选项卡下的"字体"选项组中，单击"边框"下拉按钮，选择"所有框线(A)"选项，设置成最普通的边框。

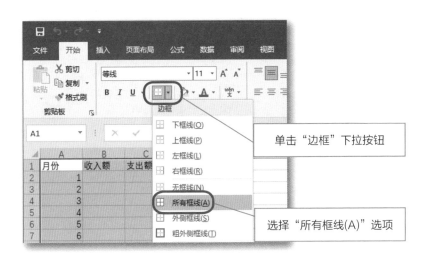

单击"边框"下拉按钮

选择"所有框线(A)"选项

❸ 在"开始"选项卡下的"对齐方式"选项组中，单击"居中"按钮。

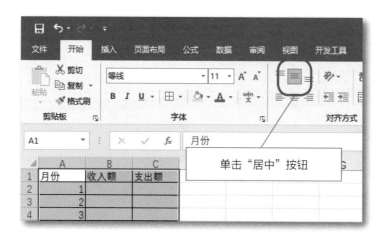

单击"居中"按钮

❹ 结束宏的录制。

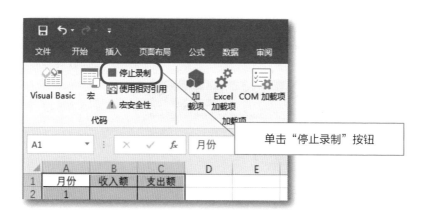

单击"停止录制"按钮

现在看起来就有了表格的样子了！

4. 完整地执行一次宏。

❶ 在Excel界面下方单击Sheet2右侧的 ⊕ 按钮（"新工作表"按钮），创建一个新的工作表Sheet3并将其打开。

　在工作表（即刚刚创建的Sheet3）中，选中A1单元格。

❷ 在"开发工具"选项卡下的"代码"选项组中，单击"宏"按钮，弹出"宏"对话框之后，直接（"宏1"为选中的状态）单击"执行"按钮。

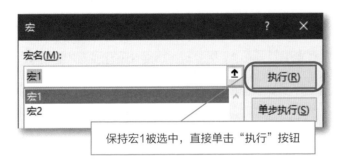

保持宏1被选中，直接单击"执行"按钮

❸ 再次在"开发工具"选项卡下的"代码"选项组中，单击"宏"按钮，弹出"宏"对话框之后，选择名称为"宏2"的宏，单击"执行"按钮。

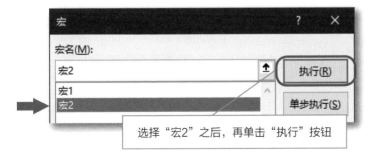

选择"宏2"之后，再单击"执行"按钮

如此一来，Sheet3中会自动生成一张与之前相同的表格。

可能已经有读者注意到了，制作这张表格时，是分成两次（输入行列标题以及添加边框）进行"录制宏"的，因此最终生成的宏代码也分为"宏1"和"宏2"。

"宏1"记录的是最开始输入标题的操作，"宏2"则记录之后添加边框的部分。

5. 看一下宏代码里面是什么样子。

❶ 在"开发工具"选项卡下的"代码"选项组中，单击Visual Basic按钮，弹出一个新窗口（前一课中已经出现过了）。

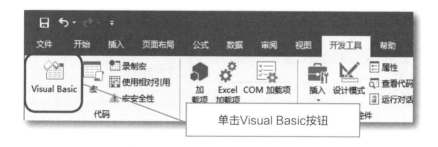

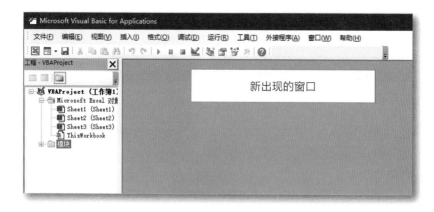

❷ 在窗口左侧的"工程"窗格中找到"模块",单击左侧的加号图标,会出现下拉列表,然后双击其中的"模块1"。

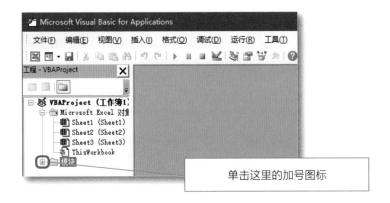

单击这里的加号图标

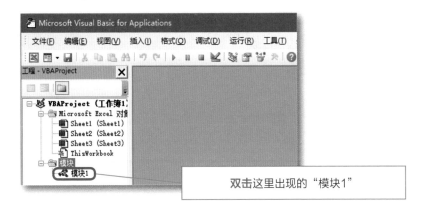

双击这里出现的"模块1"

接着就会在右侧出现下图所示的代码。

```
(通用)                                                                    ∨

Sub 宏1()
'
' 宏1 宏
'
'
    Range("A1").Select
    ActiveCell.FormulaR1C1 = "月份"
    Range("B1").Select
    ActiveCell.FormulaR1C1 = "收入额"
    Range("C1").Select
    ActiveCell.FormulaR1C1 = "支出额"
    Range("A2").Select
    ActiveCell.FormulaR1C1 = "1"
    Range("A3").Select
    ActiveCell.FormulaR1C1 = "2"


    Range("A14").Select
    ActiveCell.FormulaR1C1 = "总额"
    Range("A15").Select
End Sub
Sub 宏2()
'
' 宏2 宏
'
'
    Range("A1:C14").Select
    Selection.Borders(xlDiagonalDown).LineStyle = xlNone
    Selection.Borders(xlDiagonalUp).LineStyle = xlNone
    With Selection.Borders(xlEdgeLeft)
        .LineStyle = xlContinuous
        .ColorIndex = 0
        .TintAndShade = 0
        .Weight = xlThin
    End With


        .ReadingOrder = xlContext
        .MergeCells = False
    End With
End Sub
```

"宏1"和"宏2"的代码

※虽然这段代码看起来有点长，但是跟前一课相同，现在并不需要完全理解代码的含义，之后不理解也没有关系！

这就是之前执行的"宏1"和"宏2"两段代码。

6. 稍微对代码进行修改。

大约在代码中间的位置找到

    End Sub

    Sub 宏2( )

这两行代码，并将其删除。

---

※因为代码有些长，如果不能很好地定位到这两行的位置，可以试着在第50行前后寻找一下。

（译者注：由于在录制宏时中日输入会出现差异，加上读者可能会使用自动填充等情况，很可能这两行代码不会位于第50行，因此可以通过代码中间那条很明显的横线进行定位。）

    先找出标记为"绿色"的一段代码，再往前一行就是要删除的内容了，通过这个方法也可以找到代码。

---

【关于注释】

    在代码中可以看到有一些内容是绿色的字体，这部分是注释，属于不会进行处理的内容，因此可以作为备忘使用，随便写什么都可以。但反过来说，如果代码写在注释中，就不会被执行了，还请多加小心。

---

7. 试着执行宏。

❶ 通过任务栏切换回Excel窗口。

首先，新建第4张工作表Sheet4（可以通过单击Excel窗口下方的"新工作表"按钮进行创建）。

❷ 在Sheet4中，请务必保持A1单元格是被选中的状态，然后单击"开发工具"选项卡下"代码"选项组中的"宏"按钮，弹出"宏"对话框之后，直接单击"执行"按钮。

单击"开发工具"选项卡下"代码"选项组中的"宏"按钮

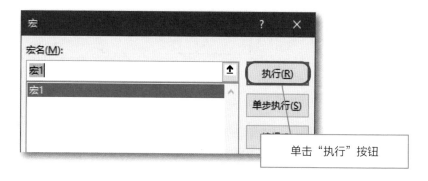

单击"执行"按钮

执行1次宏，就可以直接获得带有边框的表格，如下图所示。

簡単来说，这是把两个宏合并到了一起，因为删除掉的内容分别是宏1终止的标识和宏2开始的标识。

借助这种方法，不管通过"录制宏"功能制作出2个、3个还是4个宏，都可以合并成单个宏一次性全部执行完毕，只需要像步骤6那样删掉合适的代码行就好了。

执行完毕之后，请一定要阅读第030页的专栏"保存宏文件的方法"，然后按照其中介绍的方法保存Excel文件，同时也一并保存包含在内的宏代码。

这次制作的收支额表格在之后的课程中还会继续使用，请务必将其保存起来。本课为第2课，文件名可以使用gogo02命名，这样在之后的课程中会更加省事。

# 保存宏文件的方法

关闭Excel文件时，请依照下面的指示，在"保存类型"下拉列表中选择"Excel启用宏的工作簿（*.xlsm）"选项之后再进行保存。这样就可以在保存Excel文件的时候，一并将制作好附带在内的宏也保存起来。

保存方法如下。

在Excel窗口中执行"文件"→"另存为"→"浏览"操作，打开"另存为"对话框，在"保存类型(T)"下拉列表中选择"Excel启用宏的工作簿(*.xlsm)"选项，并在上面的"文件名(N)"文本框中输入合适的名称，单击"保存"按钮。

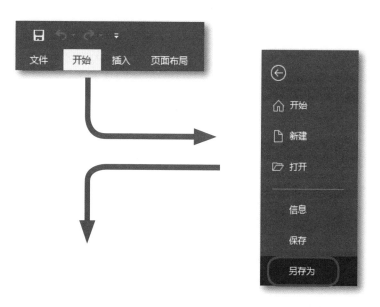

# 第3课
# 如何调用录制好的宏

扫码看视频

## 自动为表格添加格式

打开在上节课中制作的Excel文件gogo02.xlsm。

※为了契合本课的内容，完成上节课中的gogo02之后，保存并重新打开Excel是本课学习的前提。

1. 选择用于输入收支额的单元格区域，将其格式设置为货币，并且录制成宏。

❶ 打开gogo02.xlsm，如果此时出现安全警告（位于表格上方的黄色带状区域），请单击右侧的"启用内容"按钮。

单击"启用内容"按钮

【关于宏的安全警告】
　　在Excel 2010版本后，安全相关的内容得到了改善，因此只要单击"启用内容"按钮就足够了。单击该按钮之后，文件中的宏将会被启用，以后打开时将不再出现该安全提示。

❷ 在上节课中，最后由宏自动生成的收支额度统计表是存放在Sheet4中的，因此需先打开Sheet4工作表。

打开Sheet4工作表

❸ 在"开发工具"选项卡下的"代码"选项组中，单击"录制宏"按钮，弹出"录制宏"对话框之后，直接单击"确定"按钮。

❹ 选中B2:C14单元格区域，单击鼠标右键。

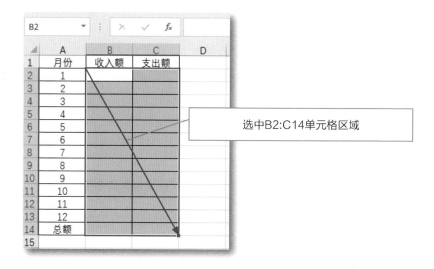

选中B2:C14单元格区域

在弹出的快捷菜单中选择"设置单元格格式(F)..."命令，打开"设置单元格格式"对话框，切换至"数字"选项卡，在"分类"列表框中选择"货币"选项，然后单击下方的"确定"按钮关闭"设置单元格格式"对话框。

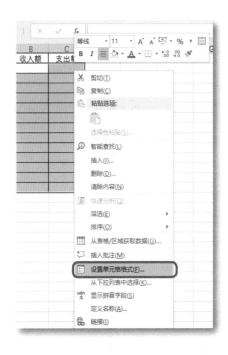

选择"货币"选项

❺ 要终止宏的录制，在"开发工具"选项卡下的"代码"选项组中，单击"停止录制"按钮。

2. 在执行宏之前，先看看里面的代码是什么样子吧。

❶ 在"开发工具"选项卡下的"代码"选项组中，单击Visual Basic按钮打开宏代码的窗口。

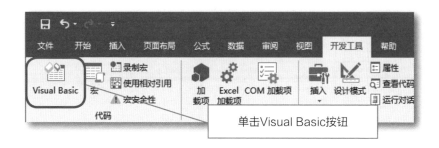

❷ 在窗口左侧"工程"窗格的"模块"列表中包含"模块1"和"模块2"选项，双击"模块2"打开对应的宏代码。

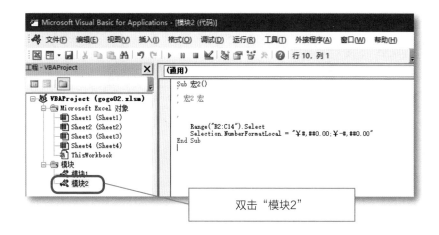

※如果没有"模块2"，请不要进行保存，直接关闭Excel后再次打开，从步骤1开始再操作一次。

下图是在步骤1中设置"货币"单元格格式时所生成的宏代码。

```
(通用)

Sub 宏2()
'
' 宏2 宏
'

    Range("B2:C14").Select
    Selection.NumberFormatLocal = "¥#,##0.00;¥-#,##0.00"
End Sub
```

接着，如果在代码中找到以下两行代码，并将其删除，就可以把宏合并起来一次性执行所有操作。

　　End Sub

　　Sub 宏2()

但是双击窗口左侧"工程"窗格的"模块1"之后，就会发现上次编辑好的代码被存放在"模块1"中。

而这次录制的宏则存放在另外的模块中，这样就无法像上次那样，通过删除两行代码来完成宏的合并。

关闭Excel再重新打开时，每次都会以"模块2""模块3""模块4"……的命名方式创建新模块，并将"录制宏"的结果保存到新模块中（在关闭Excel之前，都会保存在同一个"模块"内）。

难道只能在单次的操作中完成宏的录制吗？这样可就太糟糕了。有没有什么更好的解决办法呢？

从下面开始进入本课的要点。

3. 添加一些内容到之前的代码里。

❶ 双击"工程"窗格中的"模块1"，打开制作好的宏代码。

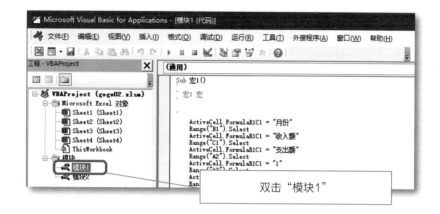

❷ 向下滑动找到宏代码的末尾，可以看到下图所示的两行代码。

❸ 依照下图，在最后一行（End Sub）和倒数第二行（End With）之间，手动添加新代码"Call 宏2"。

本课中，手动输入了第一行宏代码。

【大写字母和小写字母、全角和半角】

　　在编写代码（VBA）时，大写字母和小写字母并没有什么区别，输入的时候可以完全不需要在意大小写的问题。

　　另外，输入完成后切换到其他行时，会自动把需要的部分调整为大写字母。但是全角和半角之间是有区别的，在输入代码时一定要使用半角进行输入。

4.让我们赶紧来执行一下吧。

❶ 通过任务栏切换回Excel窗口，与之前的操作相同，单击Excel窗口下方的 ⊕ 按钮，创建一张新的工作表Sheet5。

　　请让工作表（也就是刚刚创建的Sheet5）的A1单元格保持被选中的状态。

❷ 打开Sheet5工作表，在"开发工具"选项卡下的"代码"选项组中，单击"宏"按钮，弹出"宏"对话框后，就直接在"宏1"被选中的情况下，单击"执行"按钮。

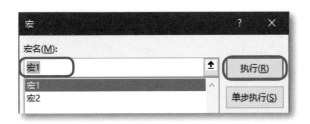

❸ 在B2单元格中输入数字1000，确认是否为"货币"格式。

| | A | B | C | D |
|---|---|---|---|---|
| 1 | 月份 | 收入额 | 支出额 | |
| 2 | 1 | ¥1,000.00 | | |
| 3 | 2 | | | |
| 4 | 3 | | | |
| 5 | 4 | | | |
| 6 | 5 | | | |
| 7 | 6 | | | |
| 8 | 7 | | | |
| 9 | 8 | | | |
| 10 | 9 | | | |
| 11 | 10 | | | |
| 12 | 11 | | | |
| 13 | 12 | | | |
| 14 | 总额 | | | |
| 15 | | | | |

如果B2单元格显示为¥1,000.00就是正确的。

Call就如同字面意思所表示的那样，有调用的含义，因此在之前例子中添加的代码表示的是"在宏1中调用名为宏2的宏代码并执行"。

这种添加1行"Call 宏X"（下文中统称为Call语句）的方法，效果与之前删除两行代码的方法相同，无论是2个、3个还是4个，都可以很简单地把"宏记录"制作的代码汇总起来，一次性全部执行。

本课到此就结束了。

这次制作的收支额度表之后还会继续使用，所以在保存的时候请选择启动宏的工作簿。另外，既然是第3课制作的，那么以gogo03命名吧。

# 第4课
# 创建新工作表的方法

扫码看视频

## 在新工作表中自动输出表格

打开上节课中制作的Excel文件gogo03.xlsm。

※为了契合本课的内容，完成上节课中的gogo03.xlsm之后，保存并重新打开一次Excel是学习
本课的前提。

1. 先录制给表格添加计算总额的宏。

❶ 打开gogo03.xlsm，如果此时出现安全警告（位于表格上方的黄色带状区域），请单击右侧的"启用内容"按钮。

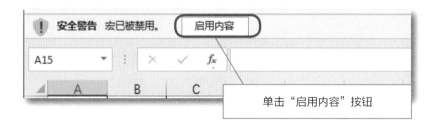

单击"启用内容"按钮

❷ 在上节课中，最后由宏自动生成的收支额度统计表存放在Sheet5中，因此请先打开工作表Sheet5。

❸ 在"开发工具"选项卡下的"代码"选项组中，单击"录制宏"按钮，弹出"录制宏"对话框之后，直接单击"确定"按钮。

❹ 选中B14单元格，并手动输入"=SUM(B2:B13)"公式。

【注意】 ・输入的内容必须全部为半角字符。
　　　　・一定不要忘记SUM前面的=。

| | A | B | C | D |
|---|---|---|---|---|
| 1 | 月份 | 收入额 | 支出额 | |
| 2 | 1 | ¥1,000.00 | | |
| 3 | 2 | | | |
| 4 | 3 | | | |
| 5 | 4 | | | |
| 6 | 5 | | | |
| 7 | 6 | | | |
| 8 | 7 | | | 在B14单元格中键入公式"=SUM(B2:B13)" |
| 9 | 8 | | | |
| 10 | 9 | | | |
| 11 | 10 | | | |
| 12 | 11 | | | |
| 13 | 12 | | | |
| 14 | =SUM(B2:B13) | | | |
| 15 | | | | |

❺ 同样，选中C14单元格并手动输入"=SUM(C2:C13)"公式。

❻ 输入完成按下Enter（回车）键，之后单击"开发工具"选项卡下"代码"选项组中的"停止录制"按钮。

　　这样就完成了计算总额宏的录制。

2. 在执行之前还要再录制一个简短的宏。

❶ 保持当前激活的工作表为Sheet5，在"开发工具"选项卡下"代码"选项组中，单击"录制宏"按钮，弹出"录制宏"对话框之后直接单击"确定"按钮。

❷ 接着创建新工作表Sheet6，单击Excel窗口下方的"新工作表" ⊕ 按钮。

注意此处不需要进行工作表移动等操作！

❸ 创建好工作表Sheet6之后，就可以结束宏的录制了，单击"开发工具"选项卡下"代码"选项组中的"停止录制"按钮。

※停止录制宏之后再移动工作表则不会出现问题。

---

**【录制宏过程中移动工作表】**

如果在录制宏的过程中进行工作表的移动（改变顺序）等操作，那么该操作本身就会被记录下来并反映到代码中。在停止录制之后，无论做出什么操作都不会影响代码。

---

这样就录制好用于创建新工作表的宏了。

3. 在执行宏之前，先来看看宏代码是什么样子的。

❶ 在"开发工具"选项卡下的"代码"选项组中，单击Visual Basic按钮打开宏代码的窗口。

❷ 在窗口左侧"工程"窗格中，可以看到"模块"列表中包括"模块1""模块2"以及"模块3"3个选项，双击"模块3"将其打开。

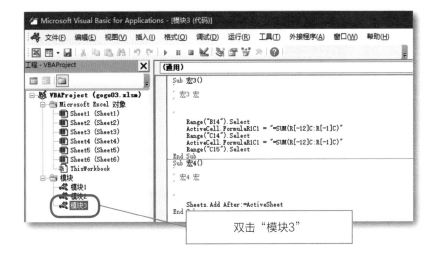

下面就是在步骤1和步骤2中制作的"计算总额的宏"以及"创建新工作表的宏"的代码。

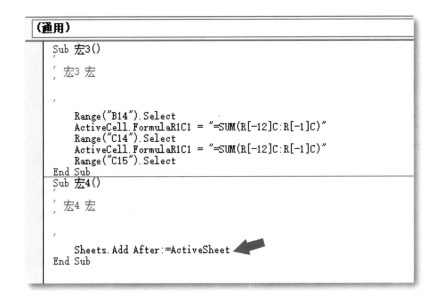

**【Excel 2010之前的版本】**

在Excel 2010之前的版本中，虽然此处代码与上文不同，是

```
Sheets.Add After:=Sheets(Sheets.Count)
```

但并没有什么问题，下文中不会就此差异进行特别说明。

除去注释行（起始绿色字体的行）之后，整个代码非常简短，读者应该能够明白其中的含义。但是，正如前文特别说明的那样，“现在完全不需要理解这些代码所代表的含义！”，所以即使是看不懂的读者也不需要担心。

4. 使用与之前相同的方法添加一些代码进去。

❶ 双击窗口左侧“工程”窗格中的“模块1”，打开之前制作的且稍微有些长的代码。

❷ 向下滑动到代码最后一行的位置。

```
    End With
    Call 宏2
End Sub
```

最后3行代码如上图所示，还有印象吗？倒数第2行就是在前一节课中添加的Call语句。

❸ 依样添加Call语句，请在最后1行（End Sub）和倒数第2行（Call 宏2）之间，手动添加1行新代码“Call 宏3”。

新添加代码的含义也与之前相同，表示"在宏1中调用名为宏3的代码并执行"。

而这里"宏3"中进行的处理，是在步骤1中所制作的"计算总额的宏"。

5. 另外还有一处需要以同样的方法添加代码。

❶ 还是打开"模块1"，但这次要修改的位置是代码的第一行。

第一行的代码应该为 ActiveCell.FormulaR1C1 = "月份"，在这一行之前手动添加1行新代码"Call 宏4"。

```
(通用)

  Sub 宏1()

  ' 宏1 宏

  '
  →  Call 宏4
     ActiveCell.FormulaR1C1 = "月份"
```

【注意】

　　如果新添加的"Call 宏4"之前带有'符号（该行会变为绿色），
就会成为注释行不再被执行。因此，如果代码行开头带有'符号（Call
宏4会变为绿色），请删掉最前面的'符号。

　　此处调用宏4进行的处理，是在步骤2中制作的"创建新工作表的宏"，
与前文宏3的区别在于调用宏的位置不同。

　　因为必须要在绘制表格之前，把新的工作表创建好，所以需要在待执
行宏中最开始的位置调用宏4。

6. 试着执行一下看吧。

❶ 与之前不同的是，这次在执行之前不需要特意选择某张工作表，无论是
选择Sheet6还是Sheet1都没有关系。在"开发工具"选项卡下的"代码"选
项组中，单击"宏"按钮，弹出"宏"对话框之后，在"宏1"被选中的情
况下，直接单击"执行"按钮。

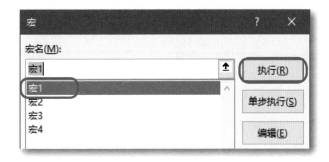

这样，在新工作表Sheet7中会自动绘制一张与之前相同的表格。

| | A | B | C | D |
|---|---|---|---|---|
| 1 | 月份 | 收入额 | 支出额 | |
| 2 | 1 | | | |
| 3 | 2 | | | |
| 4 | 3 | | | |
| 5 | 4 | | | |
| 6 | 5 | | | |
| 7 | 6 | | | |
| 8 | 7 | | | |
| 9 | 8 | | | |
| 10 | 9 | | | |
| 11 | 10 | | | |
| 12 | 11 | | | |
| 13 | 12 | | | |
| 14 | 总额 | ¥0.00 | ¥0.00 | |
| 15 | | | | |
| 16 | | | | |

谨慎起见，请在表格每月的支出额和收入额中输入一些数字，然后确认最后的总额是否正确。

　　若出现无法顺利获得总额的情况，则可能是由于中途的操作顺序不对，也可能是录制的宏出现了问题等。此时请不要进行保存，直接关闭gogo03工作簿之后再打开文件，由步骤1开始重新进行一次操作。

　　本课到这里就结束了。

　　虽然是比较简单的内容，但至少完成了收支金额统计表的宏！

　　制作好的收支金额表和宏，在第2章第8课中还会再次使用，请务必以"Excel启用宏的工作簿(*.xlsm)"的文件格式、使用gogo04.xlsm作为文件名好好地保存起来。

# 最大限度利用"录制宏"功能

对于想要学习宏的人来说，Excel中标准配备的"录制宏"功能是最为强力的武器。要说为什么，这是因为该项功能使用得当的话，就算没有专门学习和理解那些复杂的代码含义，一样能制作出"大部分的代码"。

最大限度地利用"录制宏"功能，自动生成"大部分的代码"之后，只需要手动稍微修改几处代码，就可以制作成实用的宏——对于宏初学者来说，这才是有意义的方法。

在Excel宏制作中，能够在何种程度上利用"录制宏"的功能，才是提升制作水平时最重要的一把钥匙。

总而言之，制作Excel宏时，**录制宏 + 稍微进行代码的修改或补充**才是铁则中的铁则，请牢记这一点。

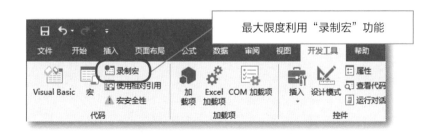

最大限度利用"录制宏"功能

第2章

# 掌握获取数据的基本方法

# 第5课
# 使用变量

扫码看视频

## 自动将获取的数据填入其他单元格

上节课中，我们利用"录制宏"功能完成了一个简单的"自动生成收支金额表的宏"。至此，本书还没有对代码相关的内容开始讲解。

经过上一节课的学习，读者应该有所体会，不理解代码的复杂含义（也就是内容）也没关系，只要利用好"录制宏"功能，谁都能做出自动生成表格的宏。

此处先介绍一点额外的知识，先不讨论Excel的宏，就一般情况而言，大部分程序都包含"输入、处理、输出"这3项流程。

至于Excel的宏，虽然使用"录制宏"功能能实现大部分操作，但是非常遗憾，录制只能做到"输出"。所谓"输入"，是指从某处获取数据存入程序中的行为，而"录制宏"并不能做到这点。由于不能留下某种结果的操作（比如显示"你好，世界！"，或是创建新的工作表等），"录制宏"功能无法将其保存为宏。

虽然只靠"录制宏"功能无法进行"输入"，但是并不需要担心！

Excel宏代码的"输入"，基本上只是为了"获取某个单元格中的数据"，可以做到这一点，就能够应对绝大部分情况。因此，只需要通过"录制宏"功能获得宏代码，然后手动替换一两行代码就足够了。

稍微多说了一些不容易理解的内容，接下来我们一起看一些具体的例子吧。

本课中，将使用宏"从A3单元格中获取数据，然后在B5单元格中显示出来"。

1. 与之前一样，使用"录制宏"功能制作简单的宏。

❶ 启动Excel，新建一个空白的工作簿。

❷ 在Sheet1工作表打开的状态下，单击"开发工具"选项卡下的"代码"选项组中的"录制宏"按钮，弹出"录制宏"对话框之后，直接单击"确定"按钮。

❸ 选中A3单元格，先随意输入数字123。同样，在B5单元格内也随便输入456。

| ◢ | A | B | C | D | E |
|---|---|---|---|---|---|
| 1 | | | | | |
| 2 | | | | | |
| 3 | 123 | | | | |
| 4 | | | | | |
| 5 | | 456 | | | |
| 6 | | | | | |
| 7 | | | | | |

❹ 完成输入并按下Enter键（退出输入模式）之后，单击"开发工具"选项卡下的"代码"选项组中的"停止录制"按钮，结束宏的录制。

至此，准备阶段中的宏就录制完成了。

2. 执行宏代码之前，先来看看代码。

❶ 在"开发工具"选项卡下的"代码"选项组中，单击Visual Basic按钮，

弹出我们已经见过多次的宏代码窗口。

❷ 在窗口左侧的"工程"窗格中单击"模块"前面的加号扩展按钮，在下方显示的列表中双击"模块1"，将其打开。

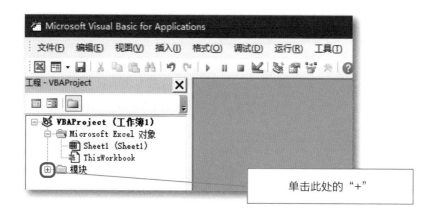

单击此处的"+"

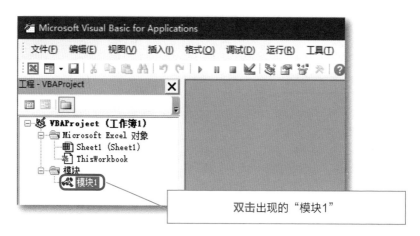

双击出现的"模块1"

这就是刚刚在准备阶段制作的宏的代码。

**（通用）**

```
Sub 宏1()
' 宏1 宏
'
    Range("A3").Select
    ActiveCell.FormulaR1C1 = "123"
    Range("B5").Select
    ActiveCell.FormulaR1C1 = "456"
    Range("B6").Select
End Sub
```

3. 稍微对这段代码进行修改。

❶ 把以下代码

```
ActiveCell.FormulaR1C1 = "123"
```

改写为

```
a = ActiveCell.Value
```

※虽然不用在意大小写字母的区别，但是在输入的时候请务必全程使用半角。

❷ 同样把下面的代码

```
ActiveCell.FormulaR1C1 = "456"
```

改写为

```
ActiveCell.FormulaR1C1 = a
```

※此处的修改只需要把"="右侧的"456"替换为a就可以了，但是请注意a的前后是没有双引号的。

修改完成后的代码如下图所示。

```
(通用)

Sub 宏1()
'
'  宏1 宏
'
'
    Range("A3").Select
    a = ActiveCell.Value
    Range("B5").Select
    ActiveCell.FormulaR1C1 = a
    Range("B6").Select
End Sub
```

4. 执行一下试试看。

❶ 切换回Excel的窗口，单击"新工作表"按钮，创建一张新工作表Sheet2，并将其打开。

❷ 请在A3单元格中输入987。

|   | A | B | C | D | E |
|---|---|---|---|---|---|
| 1 |   |   |   |   |   |
| 2 |   |   |   |   |   |
| 3 | 987 |   |   |   |   |
| 4 |   |   |   |   |   |
| 5 |   |   |   |   |   |
| 6 |   |   |   |   |   |
| 7 |   |   |   |   |   |
| 8 |   |   |   |   |   |

Sheet1　Sheet2　⊕

❸ 输入完成并按下Enter键之后，单击"开发工具"选项卡下的"代码"选项组中的"宏"按钮，弹出"宏"对话框，直接单击"执行"按钮。

　　如果执行之后B5单元格中也显示了987，这就表示该宏运行的结果是正确的。

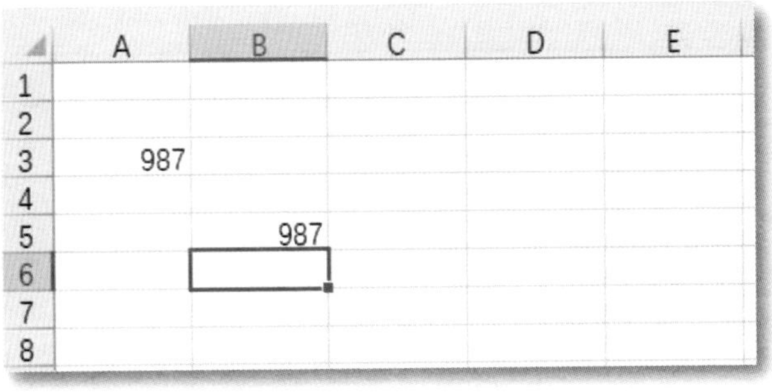

至此，本课制作的宏"从A3单元格中获取数据，然后在B5单元格中显示出来"已经成功完成了。

另外，执行宏之前在A3单元格中输入的987，还可以换成其他的内容，即使不是数字（就算是中文）也没问题。可以尝试在A3单元格中输入"你好"，再执行一次宏，这次B5单元格中显示的是"你好"。

那么，这里给大家出一道练习题！请按照下面例题的要求，对刚才制作的宏代码进行修改。

【例题】获取C15单元格中的数据，显示在D25单元格中。

提示
·对比寻找前后两次要求之间的差异。
·"获取A3单元格中的数据，显示在B5单元格中"。
·"获取C15单元格中的数据，显示在D25单元格中"。


大家应该已经看出来了吧？答案就是，只要将代码中的A3改为C15、B5改为D25就可以了，代码如下图。

（通用）

```
Sub 宏1()
'
' 宏1 宏
'
    Range("C15").Select
    a = ActiveCell.Value
    Range("D25").Select
    ActiveCell.FormulaR1C1 = a
    Range("B6").Select
End Sub
```

而代码中的a，在编程语言中被称为"变量"。

所谓变量，就如同箱子一样是用来存放数据的容器，当然还需要给容器起一个名字。以前面的例题为例，变量就是"为了存放C15单元格中数据的容器，即名称为a的箱子"。

至此，从某个单元格获取数据再自动显示到其他单元格中的宏代码就学习完成了！

虽然是一段很短的宏代码，但是在本课中首次提到的程序的3个流程"输入、处理、输出"中，该代码就已经包含了"输入"和"输出"两部分。

本节课到这里就结束了。虽然这次制作的宏，在本书之后的课程中并不会继续使用，但无论是用于复习或是作为参考，还是要养成保存的习惯，注意使用容易理解的名字，并且必须选择"Excel启用宏的工作簿(*.xlsm)"数据类型。比如本课的宏可以使用gogo05.xlsm来命名，这样以后能很容易回想起来。

在"录制宏"生成的代码中，只需改写1行代码就可以读取单元格中的数据。

下一节课，制作宏时不仅涉及"输入"和"输出"，还会涉及"处理"的部分。

# 出现"编译错误：变量未定义" 提示信息时的应对方法

在执行宏的时候，可能会弹出"编译错误：变量未定义"这样的提示信息，下面将对其出现的原因进行说明。

出现错误的原因是"选项设置的问题"，可以按照下面的方法解决。

❶ 宏1代码最上方显示Option Explicit代码，将其删除。

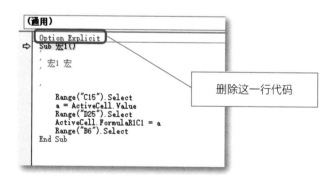

❷ 如果VBE"选项"的默认设置（初始设置）发生了变动，那么步骤❶中的代码Option Explicit，将会一直自动添加到代码首行的位置。因此，请确认下面的设置是否正确。

（译者注：VBE即Excel中单击Visual Basic后弹出的代码编辑窗口。）

VBE窗口（程序的窗口）中单击菜单栏"工具(T)"按钮，选择"选项(O)"选项，弹出"选项"对话框，在"编辑器"选项卡下，可以看到"要求变量声明(R)"复选框，如果被勾选了，将其取消。

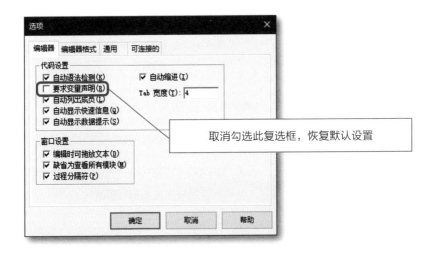

此处的"要求变量声明(R)"复选框，默认情况下是未勾选的状态，若已勾选有可能是使用过该计算机的其他人特意设置的，或者是以前学习宏时勾选上之后没有取消保留到现在。

如果只是商务人士为了工作自动化才编写宏代码，基本上是不需要这一项设置的。因此，在使用之前请先恢复此复选框的默认设置（未勾选状态）。

# 第6课
## 加法与乘法

扫码看视频

## 自动显示计算后的结果

在上节课中，介绍了如何利用"录制宏"功能来实现程序的基本流程，即"输入""处理"和"输出"。

本节课会在之前的"输入"与"输出"上，加入"处理"相关的说明。虽说是"处理"，但绝对不是很难理解的内容，只不过是加法、乘法的计算而已，不用太过担心。

下面我们就来制作"从A5单元格以及B5单元格中获取数据，然后将两者的和显示在C5单元格内"的宏。

1. 与往常相同，使用"录制宏"功能从简单的宏开始制作吧。

❶ 启动Excel，创建新的空白工作簿。

❷ 直接开始"录制宏"。在"开发工具"选项卡下的"代码"选项组中，单击"录制宏"按钮，弹出"录制宏"窗口之后，直接单击"确定"按钮。

❸ 接着选中A5单元格，输入数字123后，在B5单元格中输入456，最后在C5单元格中输入789。

| ▲ | A | B | C | D | E |
|---|---|---|---|---|---|
| 1 | | | | | |
| 2 | | | | | |
| 3 | | | | | |
| 4 | | | | | |
| 5 | 123 | 456 | 789 | | |
| 6 | | | | | |
| 7 | | | | | |

❹ 输入完成并按下Enter（回车）键之后，单击"开发工具"选项卡下"代码"选项组中的"停止录制"按钮，结束宏的录制。

至此，准备阶段中的宏就算完成了。

2. 接着来查看宏代码。

❶ 单击"开发工具"选项卡下"代码"选项组中的Visual Basic按钮，弹出已经见过多次的宏代码窗口。

❷ 展开窗口左侧"工程"窗格中的"模块"，在下方显示"模块1"选项，双击"模块1"将其打开。

下面就是在准备阶段中制作的宏的代码。

```
(通用)
  Sub 宏1()
  '宏1 宏

  '
      Range("A5").Select
      ActiveCell.FormulaR1C1 = "123"
      Range("B5").Select
      ActiveCell.FormulaR1C1 = "456"
      Range("C5").Select
      ActiveCell.FormulaR1C1 = "789"
      Range("C6").Select
  End Sub
```

3. 接下来对宏进行少许加工。上节课已经进行过类似的操作，请在回忆的同时继续往后阅读。

❶ 将代码

```
ActiveCell.FormulaR1C1 = "123"
```

改写为

```
a = ActiveCell.Value
```

※虽然不用在意大小写字母的区别，但是在输入的时候请务必全程使用半角。

❷ 将代码

```
ActiveCell.FormulaR1C1 = "456"
```

改写为

```
b = ActiveCell.Value
```

❸ 将代码

```
ActiveCell.FormulaR1C1 ="789"
```

改写为

```
ActiveCell.FormulaR1C1 = a + b
```

修改之后的代码如下图所示。

**（通用）**

```
Sub 宏1()
' 宏1 宏
'
'
    Range("A5").Select
    a = ActiveCell.Value
    Range("B5").Select
    b = ActiveCell.Value
    Range("C5").Select
    ActiveCell.FormulaR1C1 = a + b
    Range("C6").Select
End Sub
```

4. 执行一下宏试试看。

❶ 切换回Excel窗口，单击"开发工具"选项卡下"代码"选项组中的"宏"按钮，弹出"宏"对话框后直接单击"执行"按钮。

执行之后，如果C5单元格中能显示出579，就说明结果是正确的，这个数值正是123和456相加之和。

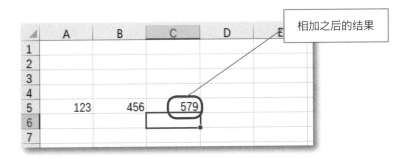

相加之后的结果

至此，本节课制作"从A5单元格以及B5单元格获取数据，然后将两者的和显示在C5单元格中"的宏就算完成了。

接下来，又要给大家出题了！请按照下面例题中的要求，修改本次制作的宏代码。

【例题】从A5单元格和B5单元格获取数据，然后将两者之间的乘积显示在C5单元格中。

提示：编程中进行计算时所使用的符号，加法用+表示，而乘法则用*（星号）来表示。

想到办法了吗？答案是将代码中的a +b替换为a * b（即将+改为*），代码见下图。

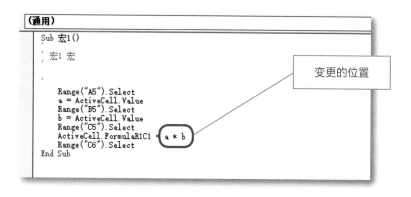

5. 为了慎重起见，还是运行一下吧。

❶ 切换回Excel窗口，单击"开发工具"选项卡下"代码"选项组中的"宏"按钮，弹出"宏"对话框后直接单击"执行"按钮。

执行之后，如果在C5单元格中显示123与456的乘积56088，就说明结果是正确的。（如果有读者对结果表示怀疑，可以用电脑里的计算器核查一下结果）

顺便介绍一下，编程中会使用到的基础运算符号还有减号和除号，分别使用-和/（左斜杠）来表示。

只要能够稍微运用本节课中手动进行修改的方法，就可以很轻松地根据需要制作宏，从多个单元格内获取数据，并将这些数据的处理（加减乘除等）结果，自动显示到所需的单元格中。

---

！**本课重点**

在"录制宏"生成的代码中，只需要改写1行就可以自动显示出计算结果。

本节课到这里就结束了。虽然本节课制作的宏并没有运用在其他的课中，但与上次相同，建议保持良好的习惯，即使用文件名gogo06.xlsm将其保存起来。

# 第7课
# 打开工作表的方法

扫码看视频

## 对多个工作表中的数据进行计算

上节课介绍了如何从"相同工作表"中获取数据并自动显示计算结果。本课将介绍以"各个工作表"内的数据为对象，且自动显示计算结果的宏。

以下是本节课中制作宏时所使用的课题。

> 从Sheet2的A10单元格中获取数据，与Sheet3中B15单元格的数据相减，然后将差值显示在Sheet1的C20单元格内。

1. 与往常相同，先按照课题使用"录制宏"功能从简单的宏开始制作。

❶ 启动Excel，新建空白的工作簿。

※如果工作簿中仅包含1张工作表，请再创建2张工作表（Sheet2和Sheet3），再进行下一步操作。

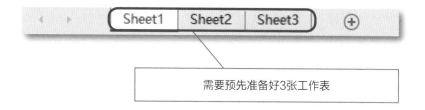

需要预先准备好3张工作表

❷ 在Sheet1为打开的状态下开始录制宏。

单击"开发工具"选项卡下"代码"选项组中的"录制宏"按钮，弹出"录制宏"对话框之后，直接单击"确定"按钮。

❸ **切换至Sheet2**，在A10单元格中输入111。

❹ 同样**切换到Sheet3**之后，在B15单元格内输入222。

❺ 最后重新**切换回Sheet1**，在单元格C20中输入333。

❻ 完成输入并按下Enter（回车）键之后，单击"开发工具"选项卡下"代码"选项组中的"停止录制"按钮，结束宏的录制。

至此，为了完成上述课题，需要在准备阶段制作的宏代码就算完成了。

想必读者已经发现前面输入的111、222以及333这些数字，都是之后为了在对代码进行修改时方便定位的目标。

2. 执行之前，查看一下宏代码。

❶ 单击"开发工具"选项卡下"代码"选项组中的Visual Basic按钮，打开宏代码的窗口。

❷ 单击窗口左侧"工程"窗格中的"模块"中+按钮，在下方显示"模块1"，双击"模块1"将其打开。

下图就是之前在准备阶段所制作的宏的代码。

```
(通用)
Sub 宏1()
' 宏1 宏
'
    Sheets("Sheet2").Select
    Range("A10").Select
    ActiveCell.FormulaR1C1 = "111"
    Sheets("Sheet3").Select
    Range("B15").Select
    ActiveCell.FormulaR1C1 = "222"
    Sheets("Sheet1").Select
    Range("C20").Select
    ActiveCell.FormulaR1C1 = "333"
    Range("C21").Select
End Sub
```

读者可能还记得在之前的课中也制作过类似的宏，但这次的重点在于，工作表的切换也会被"录制宏"记录下来。

需要注意的一点是，记录宏的时候，最开始输入数据的位置是工作表Sheet2，因此不可以在Sheet2处于打开的状态下开始"录制宏"。录制前特意打开其他工作表是为了确保在执行宏的时候，无论当时打开的是哪一张工作表，都一定能够从目标工作表的单元格中获取所需的数据。

3. 接下来对代码进行一些修改。

❶ 把代码

ActiveCell.FormulaR1C1 = "111"

改写为

a = ActiveCell.Value

与之前相同，虽然不需要在意大小写字母的区别，但是请务必使用半角输入全部的内容，后面当然也一样。

❷ 把代码

ActiveCell.FormulaR1C1 = "222"

改写为

b = ActiveCell.Value

❸ 把代码

ActiveCell.FormulaR1C1 = "333"

改写为

ActiveCell.FormulaR1C1 = a - b

修改之后的代码如下图所示。

```
(通用)
    Sub 宏1()
    '
    '  宏1 宏
    '
        Sheets("Sheet2").Select
        Range("A10").Select
        a = ActiveCell.Value
        Sheets("Sheet3").Select
        Range("B15").Select
        b = ActiveCell.Value
        Sheets("Sheet1").Select
        Range("C20").Select
        ActiveCell.FormulaR1C1 = a - b
        Range("C21").Select
    End Sub
```

4. 接下来执行一下宏试试看。

❶ 切换回Excel窗口，不管当前打开的是哪一张工作表，直接单击"开发工具"选项卡下"代码"选项组中的"宏"按钮，弹出"宏"对话框后单击"执行"按钮。

执行之后，如果在Sheet1的C20单元格中显示出111减去222的差值–111，那么结果就是正确的。

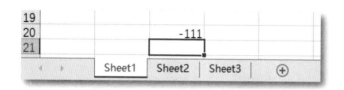

至此，本课课题的自动宏"从Sheet2的A10单元格中获取数据，与Sheet3中B15单元格的数据相减，然后将差值显示在Sheet1的C20单元格中"就算完成了。

将本节课的宏代码，按照程序的基本流程"输入、处理、输出"来进行整理，会得到以下内容。

"输入"：从Sheet2的A10和Sheet3的B15中获取数据。

"处理"：使用获取的两项数据进行减法运算。

"输出"：将结果显示在Sheet1的C20单元格中。

像这种"输入、处理、输出"的思考方法，对于编程来说是最重要的事情之一。与商业用语中的5W（2H）非常类似，无论是在努力工作的时候，还是在编写宏代码的时候，首先明确"何时、何地、何人、何物、如何（为何、何价）"是非常重要的事。

从代码角度来说，那就是"输入、处理、输出"了。制作宏的时候，想通过宏代码实现什么功能、"输入"是什么、如何"处理"、"输出"到哪里以及怎样去实现，事先明确好这些内容是非常重要的。

切换工作表也能通过"录制宏"功能来记录的话，在不同工作表之间的计算也就没有什么难度了。

本节课到这里就结束了。虽然本课制作的宏并没有运用于其他的课中，但与上次相同，还是要保持良好的习惯，即使用文件名gogo07.xlsm将其保存起来。

# 第8课
# 展示今年和去年收支金额对比1

扫码看视频

## 在除法中使用变量

　　首先需要准备第1章第4课中制作的收支金额表，即gogo04.xlsm。如果该文件不慎丢失了，按照第2~4课中的讲解再重新制作即可。

　　以下内容是本课中制作宏时所使用的课题。

> 　　获取去年工作表中的总额和今年工作表中的总额，然后在今年总额下方显示与去年对比的百分比。

1. 需要在gogo04中新建一张包含收支金额表的工作表。

❶ 打开gogo04.xlsm，如果出现下图的安全警告，请单击其右侧的"启用内容"按钮。

单击"启用内容"按钮

安全警告　宏已被禁用。　　启用内容

❷ gogo04在第4课结束之后，应该包含工作表Sheet1~Sheet7，请确认一下。

※如果在Sheet1~Sheet7之外还存在其他工作表，请手动将Sheet1~Sheet7以外工作表全部删除，关闭并重启Excel之后，再继续学习本课之后的内容（清理多余工作表之后，记得在关闭前进行保存）。若是没有进行这样的处理，创建新工作表的编号将出现偏差，会阻碍对本课后续内容的理解。

❸ 不需要在意当前打开的是哪一张工作表，单击"开发工具"选项卡下"代码"选项组中的"宏"按钮，弹出"宏"对话框之后，直接（宏1处于被选中的状态）单击"执行"按钮。

完成上述操作后，在新工作表Sheet8中会自动生成之前绘制过的收支金额表。

| | A | B | C | D |
|---|---|---|---|---|
| 1 | 月份 | 收入额 | 支出额 | |
| 2 | 1 | | | |
| 3 | 2 | | | |
| 4 | 3 | | | |
| 5 | 4 | | | |
| 6 | 5 | | | |
| 7 | 6 | | | |
| 8 | 7 | | | |
| 9 | 8 | | | |
| 10 | 9 | | | |
| 11 | 10 | | | |
| 12 | 11 | | | |
| 13 | 12 | | | |
| 14 | 总额 | ¥0.00 | ¥0.00 | |
| 15 | | | | |
| 16 | | | | |

上面就是通过第1章第2~4课中制作出的宏代码自动生成的收支金额表。大家是否回忆起相关的内容了呢？


2. 就依照本课开头所设置的课题，像往常一样使用"录制宏"功能开始制作简单的宏。

❶ 保持刚创建的Sheet8为打开状态，在"开发工具"选项卡下的"代码"选项组中，单击"录制宏"按钮，弹出"录制宏"对话框之后，直接单击"确定"按钮。

❷ 打开工作表Sheet7，在B14单元格中输入111。此时B14单元格中应该处于已经输入公式的状态，请不要在意，继续输入111。

❸ 在C14单元格中输入222。

❹ 打开工作表Sheet8，在B14单元格中输入333。

❺ 在C14单元格中输入444。

❻ 切换到工作表Sheet8，并在B15单元格中输入555。

❼ 最后继续在C15单元格中输入666。

| | A | B | C | D |
|---|---|---|---|---|
| 1 | 月份 | 收入额 | 支出额 | |
| 2 | 1 | | | |
| 3 | 2 | | | |
| 4 | 3 | | | |
| 5 | 4 | | | |
| 6 | 5 | | | |
| 7 | 6 | | | |
| 8 | 7 | | | |
| 9 | 8 | | | |
| 10 | 9 | | | |
| 11 | 10 | | | |
| 12 | 11 | | | |
| 13 | 12 | | | |
| 14 | 总额 | ¥333.00 | ¥444.00 | |
| 15 | | 555 | 666 | |
| 16 | | | | |
| 17 | | | | |

❽ 输入完成并按下Enter键之后，在"开发工具"选项卡下的"代码"选项组中，单击"停止录制"按钮结束宏的录制。

至此，需要在准备阶段制作的宏就已经完成了。

3. 在执行宏之前，先看看宏代码是什么样子的。

❶ 在"开发工具"选项卡下的"代码"选项组中，单击Visual Basic按钮，接着会弹出宏代码的窗口。

❷ 单击窗口左侧"工程"窗格的"模块"扩展按钮，显示"模块1""模块2""模块3"以及"模块4"4个选项，双击最下方的"模块4"将其打开。

下图就是本课在准备阶段制作的宏的代码。

```
(通用)
    Sub 宏5()
,   宏5 宏
,
        Sheets("Sheet7").Select
        Range("B14").Select
        ActiveCell.FormulaR1C1 = "111"
        Range("C14").Select
        ActiveCell.FormulaR1C1 = "222"
        Sheets("Sheet8").Select
        Range("B14").Select
        ActiveCell.FormulaR1C1 = "333"
        Range("C14").Select
        ActiveCell.FormulaR1C1 = "444"
        Range("B15").Select
        ActiveCell.FormulaR1C1 = "555"
        Range("C15").Select
        ActiveCell.FormulaR1C1 = "666"
        Range("C16").Select
    End Sub
```

※另外，上面的代码若有些差异也不需要在意。

　　这里稍微复习一下上节课中的内容。本段代码的重点在于，切换工作表的操作也会被"录制宏"记录下来。记录宏的时候，最开始输入数据的位置是Sheet7，因此不可以在Sheet7处于打开的状态下开始"录制宏"。

　　录制前特意打开其他工作表是为了确保在执行宏的时候，无论打开的是哪一张工作表，都一定能够从目标工作表的单元格中获取到所需的数据。

4. 对此段代码稍微进行修改。

❶ 把代码

```
ActiveCell.FormulaR1C1 = "111"
```

改写为

```
a1 = ActiveCell.Value
```

❷ 把代码
```
   ActiveCell.FormulaR1C1 = "222"
```
改写为
```
   b1 = ActiveCell.Value
```

❸ 把代码
```
   ActiveCell.FormulaR1C1 = "333"
```
改写为
```
   a2 = ActiveCell.Value
```

❹ 将代码
```
   ActiveCell.FormulaR1C1 = "444"
```
改写为
```
   b2 = ActiveCell.Value
```

❺ 把代码
```
   ActiveCell.FormulaR1C1 = "555"
```
改写为
```
   ActiveCell.FormulaR1C1 = a2/a1
```

❻ 把代码
```
   ActiveCell.FormulaR1C1 = "666"
```
改写为
```
   ActiveCell.FormulaR1C1 = b2/b1
```

"a2/a1"以及"b2/b1"中的/是代表除法运算的符号。

虽然修改的内容稍微有点儿多，但实际上要进行的操作，与之前的修改并没有什么不同，在经过以前那么多练习后，进行一点儿修改应该已经比较习惯了。

修改之后的代码如下图所示。

```
(通用)

Sub 宏5()
'
' 宏5 宏
'
'
    Sheets("Sheet7").Select
    Range("B14").Select
    a1 = ActiveCell.Value
    Range("C14").Select
    b1 = ActiveCell.Value
    Sheets("Sheet8").Select
    Range("B14").Select
    a2 = ActiveCell.Value
    Range("C14").Select
    b2 = ActiveCell.Value
    Range("B15").Select
    ActiveCell.FormulaR1C1 = a2 / a1
    Range("C15").Select
    ActiveCell.FormulaR1C1 = b2 / b1
    Range("C16").Select
End Sub
```

5. 执行一下宏试试看。

❶ 切换回Excel窗口，无论当前打开的是哪一张工作表，直接单击"开发工具"选项卡下"代码"选项组中的"宏"按钮，弹出"宏"对话框之后，选择前面刚刚完成修改的"宏5"，然后单击"执行"按钮。

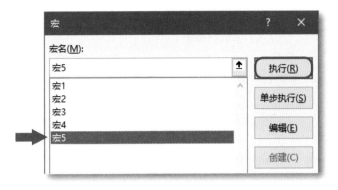

如果Sheet8 "收入额"列中，在总额下方（B15单元格）显示的是333除以111之后的商3，并且 "支出额"列中总额下方（C15单元格）显示了444除以222之后的商2，就说明结果是正确的。

| ▲ | A | B | C | D |
|---|---|---|---|---|
| 1 | 月份 | 收入额 | 支出额 | |
| 2 | 1 | | | |
| 3 | 2 | | | |
| 4 | 3 | | | |
| 5 | 4 | | | |
| 6 | 5 | | | |
| 7 | 6 | | | |
| 8 | 7 | | | |
| 9 | 8 | | | |
| 10 | 9 | | 此处自动显示出各除法运算的结果 | |
| 11 | 10 | | | |
| 12 | 11 | | | |
| 13 | 12 | | | |
| 14 | 总额 | ¥333.00 | ¥444.00 | |
| 15 | | 3 | 2 | |
| 16 | | | | |
| 17 | | | | |

本节课到这里就结束了。在收支金额表中自动显示出"去年对比"的宏还没有完成，下节课将会继续进行之后的制作。

本节课中制作的收支金额表和相关宏，下节课中还会继续使用，因此一定要选择格式"Excel启用宏的工作簿(*.xlsm)"（文件名：gogo08.xlsm）进行妥善保存。

※如果打算直接继续后面的学习，（为了配合下节课的内容）请务必先保存上述文件，关闭Excel并重启之后，再开始下节课的学习。

扫码看视频

# 第9课
# 展示今年和去年收支金额对比2

## 不同工作表之间的计算

这节课我们接着制作收支金额表的宏，首先需要准备好Excel文件 gogo08.xlsm，里面包含上节课制作出来的宏。

本节课继续完善上节课的课题，具体内容如下。

> 获取去年工作表中的总额以及今年工作表中的总额，然后在今年总额下方显示去年对比的百分比。

1. 确认上节课中所完成的内容。

❶ 打开gogo08.xlsm，如果出现下图所示安全警告，请单击其右侧的"启用内容"按钮。

单击"启用内容"按钮

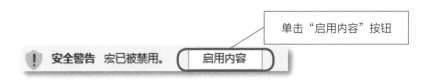

❷ 请确认Sheet8中总额的下方（B15及C15单元格）是否有上次执行宏之后作为结果留下的数字3和2。

| ⊿ | A | B | C | D |
|---|---|---|---|---|
| 1 | 月份 | 收入额 | 支出额 | |
| 2 | 1 | | | |
| 3 | 2 | | | |
| 4 | 3 | | | |
| 5 | 4 | | | |
| 6 | 5 | | | |
| 7 | 6 | | | |
| 8 | 7 | | | |
| 9 | 8 | | | |
| 10 | 9 | | | |
| 11 | 10 | | | |
| 12 | 11 | | | |
| 13 | 12 | | | |
| 14 | 总额 | ¥333.00 | ¥444.00 | |
| 15 | | 3 | 2 | |
| 16 | | | | |
| 17 | | | | |

◀  ▶  …  Sheet7  | Sheet8 |  ⊕

3和2这两个数字是将Sheet8与Sheet7中的总额相除之后所获得的结果。

2. 继续上次的进度。当前，Sheet7和Sheet8分别为去年及今年收支金额表使用的工作表，这样的名称在实际应用上会有些不方便，因此工作表需要进行重命名。

❶ 请将Sheet8命名为2019（假设今年为2019年），而Sheet7则命名为2018。想要更改工作表的名称，可以右击Excel下方的工作表标签，选择"重命名(R)"命令，或者直接双击工作表标签进行修改，选择自己习惯的方法就好。

※另外，将工作表重命名为2019以及2018的时候，请务必使用半角进行输入。同时，请不要在
　名称上添加其他内容，比如添加年份变为"2019年"等。

3. 更改工作表的名称之后，宏代码也需要进行相应的修改。

❶ 按下Enter键之后（结束输入模式），在"开发工具"选项卡下的"代码"选项组中，单击Visual Basic按钮打开宏代码的窗口。

❷ 在"工程"窗格的"模块"列表中包括"模块1""模块2""模块3"及"模块4"4个选项，如果当前显示的宏代码中首行不是"Sub 宏5()"，双击"模块4"将其打开。

这样显示出来的内容就是在上节课中制作的、有些眼熟的宏代码了。

4. 接着稍微对代码进行修改。

❶ 将从上往下数第7行代码
    Sheets（"Sheet7"）.Select
  改写为
    Sheets（去年）.Select

❷ 将从上往下数第12 行代码
    Sheets（"Sheet8"）.Select
  改写为
    Sheets（今年）.Select

❸ 紧挨在步骤❶中修改的第7行代码

Sheets（去年）.Select

前面，添加以下两行新代码。

今年 = CStr（ActiveSheet.Name）

去年 = CStr（ActiveSheet.Name - 1）

修改之后的代码如下图所示。

```
(通用)

Sub 宏5()

' 宏5 宏


    今年 = CStr(ActiveSheet.Name)
    去年 = CStr(ActiveSheet.Name - 1)
    Sheets(去年).Select
    Range("B14").Select
    a1 = ActiveCell.Value
    Range("C14").Select
    b1 = ActiveCell.Value
    Sheets(今年).Select
    Range("B14").Select
    a2 = ActiveCell.Value
    Range("C14").Select
    b2 = ActiveCell.Value
    Range("B15").Select
    ActiveCell.FormulaR1C1 = a2 / a1
    Range("C15").Select
    ActiveCell.FormulaR1C1 = b2 / b1
    Range("C16").Select
End Sub
```

简单解释一下这两行新添加代码的含义。

今年 = CStr（ActiveSheet.Name）→获取当前工作表（执行宏时打开的工作表）的名称2019，放进名为"今年"的箱子中。

去年 = CStr（ActiveSheet.Name - 1）→ 当前工作表的名称2019减1之后，放入名为"去年"的箱子中。

当前使用的Excel宏语言（VBA）中，"今年""去年"这类保存数据用的变量，其名称（箱子的名称）能够直接使用中文，因此可以选择比较好理解的词作为变量名。

5. 为了确认结果，执行一下宏试试看。

❶ 切换回Excel窗口，打开工作表2019。

❷ 执行之前请先把B15以及C15单元格中的数字全部删除（使用Delete键）。

❸ 通过以下操作来执行刚才的宏。在"开发工具"选项卡下的"代码"选项组中，单击"宏"按钮，弹出"宏"对话框之后，选择之前修改的"宏5"（最下方），单击"执行"按钮。

执行之后，如果在B15和C15单元格中，再次出现之前删除的数字3和2，这就说明结果是正确的。

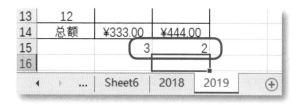

6. 换种方式再执行一次，并确认宏的结果。

❶ 不用在意当前打开的是哪一张工作表，单击"开发工具"选项卡下"代码"选项组中的"宏"按钮，弹出"宏"对话框之后，直接（宏1为选中的状态）单击"执行"按钮。

❷ 会出现一张带有收支金额表的新工作表Sheet7，把这张新工作表的名称更改为2020，请确保输入名称时使用的是半角。

❸ 接着，在这张新工作表收支金额两列的总额B14以及C14单元格中，分别输入半角数字111.00和222.00。

❹ 在打开工作表2020的状态下（假设今年为2020年），单击"开发工具"选项卡下"代码"选项组中的"宏"按钮，弹出"宏"对话框之后，选择最下方的"宏5"，单击"执行"按钮。

　　执行之后，如果工作表2020中收入总额下方（B15单元格）显示的内容是用今年收入总额¥111除以去年2019收入总额¥333得到的商0.333333，并且支出总额下方（C15单元格）显示的内容是支出总额¥222除以去年2019支出总额¥444得到的商0.5，就说明结果是正确的。

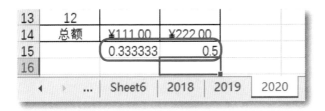

至此，我们能够看出来，如同开头所说的那样，本课执行的宏是把"执行时打开的工作表"以及−1的工作表作为对象进行计算，所以就算年份改变了也可以不做任何修改，可以说是"每年都能派上用场"。

本节课到这里就结束了。

下节课终于要完成"自动显示去年对比的宏"了，敬请期待！

本节课中制作的收支金额表和相关宏，下节课中还会继续使用，因此一定要选择"Excel启用宏的工作簿(*.xlsm)"格式（文件名：gogo09.xlsm）进行妥善保存。

※如果打算直接继续进行后面的学习，（为了配合下节课的内容）请务必先保存上述文件，关闭Excel进行重启之后，再开始下节课的学习。

# 第10课
# 展示今年和去年收支金额对比3

## 通过宏调整表格的样式

终于进入收支金额表中自动显示"去年对比"宏的完成篇了。

首先要准备好上节课中制作的收支金额表Excel文件gogo09.xlsm。

1. 确认上次完成的内容。

❶ 打开gogo09.xlsm，如果出现了安全警告，请单击右侧的"启用内容"按钮。

❷ 确认工作表2020里，总额下方（B15和C15单元格）为上节课最后一次执行宏之后得到的结果0.333333和0.5。这两个数字是由2020年总额除以2019年总额之后获得的。

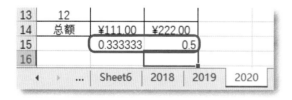

2. 正式进入这张表的收尾阶段。如果表格中只有这些数字，会让人一头雾水，所以下面就制作可以调整格式的宏吧。

❶ 虽然用哪一张工作表都没关系，不过选择现在打开的2020工作表应该会更好理解一些。因此，先打开工作表2020，再单击"开发工具"选项卡下

"代码"选项组中的"录制宏"按钮，弹出"录制宏"的对话框后直接单击"确定"按钮。

❷ 选中B15和C15两个单元格之后，单击"开始"选项卡下"数字"选项组中对话框启动器按钮，在弹出的"设置单元格格式"对话框的"数字"选项卡下"分类(C)"列表框中选择"百分比"选项，设置"小数位数"为1，然后单击"确定"按钮。

※前面打开"设置单元格格式"对话框的操作也可以通过鼠标右键的菜单或是快捷键等操作方式完成，选用自己习惯的方式即可。

❸ 在A15单元格中输入文字"去年对比"。

❹ 选中A15:C15单元格区域，再次单击"开始"选项卡下"数字"选项组中的对话框启动器按钮，弹出"设置单元格格式"对话框，在"边框"选项卡中，设置一款适合（符合去年对比项）的边框，完成之后单击"确定"按钮。

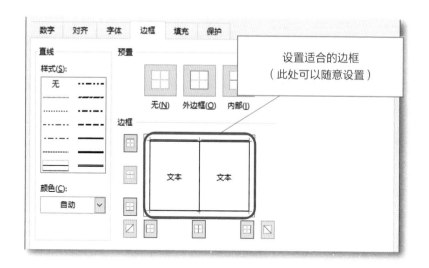

设置适合的边框
（此处可以随意设置）

❺ 在"开发工具"选项卡下的"代码"选项组中，单击"停止录制"按钮结束宏的录制。

　　至此，调整表格样式的宏就已经完成了。

3. 看看宏代码。

❶ 在"开发工具"选项卡下的"代码"选项组中，单击Visual Basic按钮，打开宏代码窗口。

❷ 窗口左侧"工程"窗格的"模块"列表中包括"模块1""模块2""模块3""模块4"以及"模块5"5项内容，双击最下方的"模块5"将其打开。

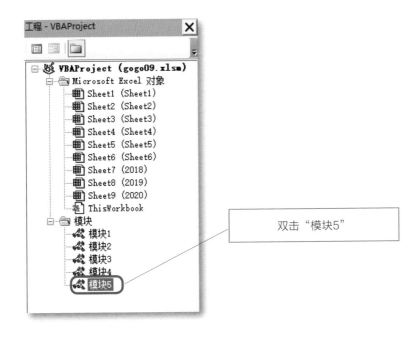

双击"模块5"

右侧将显示出下图所示代码。因为这次录制了很多内容，所以代码看起来会有些长。但是不用担心，还是那句话："完全不理解这些代码的含义也毫无问题！"

※唯一一点需要注意，请确认第一行代码是否为"Sub 宏6()"，重要的内容仅此一处。

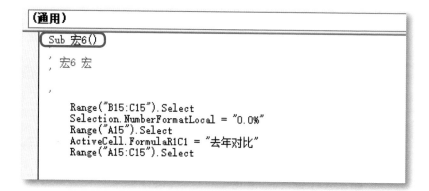

4. 要对以前的代码稍微进行加工。

❶ 双击窗口左上方的"模块1",打开之前制作的有些长的代码宏1。

❷ 向下滑动找到代码末尾的位置,应该可以看到下图的最后3行内容。

倒数第2、3行的代码是以前添加进去的Call语句。

❸ 在倒数第2行"Call 宏3"和最后一行"End Sub"之间,添加1行新代码"Call 宏6",如下图所示。

```
     End With
     Call 宏2
     Call 宏3
     Call 宏6
End Sub
```

此处的代码"Call 宏6"在之前已讲解过多次，其含义为"在宏1中调用并执行名为宏6的宏代码"。

而此处调用的宏6，则是前面在步骤2中录制的"调整去年对比项样式的宏"。

想要有效利用Excel中"录制宏"功能，掌握"将宏与宏之间拼接起来（或者说是在宏里调用宏）"的方法就显得尤为重要，请务必学会此项内容。

※如果已经遗忘相关内容，请阅读本书第2~4课中的详细讲解进行复习。

以上内容，就是经过3节课的制作，顺利完成的"能够自动展示去年对比的收支金额工作表"的宏。

下面将会说明该宏完整的使用方法，请大家多尝试使用自己制作出来的宏吧！

5. 使用方法如下。

切换回Excel窗口。因为宏的制作已经完成了，所以之前留下来的工作表也没有继续保留的必要了，请将其全部删除（手动删除工作表2018、2019以及2020）。

❶ 按照下面的方法执行"宏1"（当前打开的是哪一张工作表都没有问题）。

单击"开发工具"选项卡下"代码"选项组中的"宏"按钮，弹出"宏"对话框之后，直接（宏1为选中状态）单击"执行"按钮。

❷ 正常情况下应该会出现新的收支金额工作表，将该工作表的名称修改为2018。

❸ 然后，在工作表2018中的表格内输入每月的收入额及支出额。
（译者注：如果"总额"项显示为"######"，请调整对应列的宽度以便显示出完整内容。）

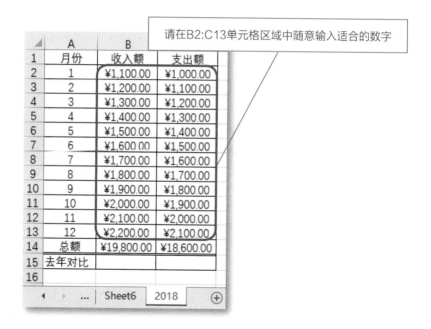

❹ 依照步骤 ❶ 再执行一次"宏1"。

❺ 应该会再次出现一张新的收支金额工作表，这次将该工作表的名称修改为2019。

❻ 与之前相同，在工作表2019中的表格内，输入每月的收入额及支出额。

❼ 输入完成后，按照以下操作执行"宏5"。

　　保持工作表2019为打开的状态，单击"开发工具"选项卡下"代码"选项组中的"宏"按钮，弹出"宏"对话框之后，选择倒数第2项名为"宏5"的宏，然后单击"执行"按钮。

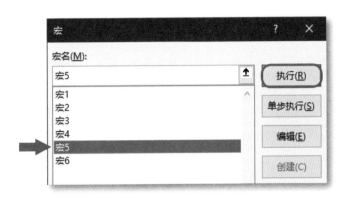

　　工作表2019中是否正确显示出去年对比的百分比呢？

| 13 | 12 | ¥3,200.00 | ¥2,000.00 |
| 14 | 总额 | ¥31,800.00 | ¥17,400.00 |
| 15 | 去年对比 | 160.6% | 93.5% |
| 16 | | | |

◀ ▶ … | Sheet6 | 2018 | 2019

　　重复之前的操作步骤 ❹ ～ ❼，从明年开始基本上就可以不做任何修改一直使用下去了。

　　本节课到此就结束了。虽然本课制作的宏不再运用于其他的课程中，但与之前相同，还是要保持良好的习惯，使用文件名gogo10.xlsm将其保存起来。

进步的建言

制作宏的铁则 II

# 如何让录制好的宏一目了然

假设，在Excel中使用“录制宏”记录了以下操作。

选择A1:C10单元格区域，添加边框，并将单元格区域内的文字颜色设置为红色。

利用“录制宏”功能记录之后，代码的具体内容如下图所示。

```
Sub 宏1()
' 宏1 宏

'
    Range("A1:C10").Select
    Selection.Borders(xlDiagonalDown).LineStyle = xlNone
    Selection.Borders(xlDiagonalUp).LineStyle = xlNone
    With Selection.Borders(xlEdgeLeft)
        .LineStyle = xlContinuous
        .ColorIndex = 0
        .TintAndShade = 0
        .Weight = xlThin
    End With
    With Selection.Borders(xlEdgeTop)
        .LineStyle = xlContinuous
        .ColorIndex = 0
        .TintAndShade = 0
        .Weight = xlThin
    End With
    With Selection.Borders(xlEdgeBottom)
        .LineStyle = xlContinuous
        .ColorIndex = 0
        .TintAndShade = 0
        .Weight = xlThin
    End With
    With Selection.Borders(xlEdgeRight)
        .LineStyle = xlContinuous
        .ColorIndex = 0
        .TintAndShade = 0
        .Weight = xlThin
    End With
    With Selection.Borders(xlInsideVertical)
        .LineStyle = xlContinuous
        .ColorIndex = 0
        .TintAndShade = 0
        .Weight = xlThin
    End With
    With Selection.Borders(xlInsideHorizontal)
        .LineStyle = xlContinuous
        .ColorIndex = 0
        .TintAndShade = 0
        .Weight = xlThin
    End With
    With Selection.Font
        .Color = -16776961
        .TintAndShade = 0
    End With
End Sub
```

（译者注：实际运行的代码与截图中有一定区别也没有关系，并不影响后续内容。）

这样是不是很难分清楚，到底哪些代码能完成什么功能？因此，依照下面的顺序使用"录制宏"功能重新再记录一次。

将Excel中进行的操作一项一项分开。

❶ 选择A1:C10单元格区域。
❷ 添加边框。
❸ 设置文字颜色为红色。

然后，按照下面的顺序，分别使用"录制宏"功能，单独执行 ❶ ❷ ❸ 中的操作。

·开始"录制宏"→执行 ❶ 的操作 → 结束"录制宏"。
·开始"录制宏"→执行 ❷ 的操作 → 结束"录制宏"。
·开始"录制宏"→执行 ❸ 的操作 → 结束"录制宏"。

以这种方式录制出来的宏，其具体代码如下图所示。

```
Sub 宏1()
' ① 选择A1~C10之间的区域
'
    Range("A1:C10").Select
End Sub
```

```
Sub 宏2()
' ② 添加边框
'
    Selection.Borders(xlDiagonalDown).LineStyle = xlNone
    Selection.Borders(xlDiagonalUp).LineStyle = xlNone
    With Selection.Borders(xlEdgeLeft)
        .LineStyle = xlContinuous
        .ColorIndex = 0
        .TintAndShade = 0
        .Weight = xlThin
    End With
    With Selection.Borders(xlEdgeTop)
        .LineStyle = xlContinuous
        .ColorIndex = 0
        .TintAndShade = 0
        .Weight = xlThin
    End With
    With Selection.Borders(xlEdgeBottom)
        .LineStyle = xlContinuous
        .ColorIndex = 0
        .TintAndShade = 0
        .Weight = xlThin
    End With
    With Selection.Borders(xlEdgeRight)
        .LineStyle = xlContinuous
        .ColorIndex = 0
        .TintAndShade = 0
        .Weight = xlThin
    End With
    With Selection.Borders(xlInsideVertical)
        .LineStyle = xlContinuous
        .ColorIndex = 0
        .TintAndShade = 0
        .Weight = xlThin
    End With
    With Selection.Borders(xlInsideHorizontal)
        .LineStyle = xlContinuous
        .ColorIndex = 0
        .TintAndShade = 0
        .Weight = xlThin
    End With
End Sub
```

```
Sub 宏3()
' ③ 设置文字颜色为红色
'
    With Selection.Font
        .Color = -16776961
        .TintAndShade = 0
    End With
End Sub
```

（译者注：实际的代码与截图中有一定区别也没有关系。）

现在，代码看起来如何呢?

与上次的代码相比，像这样每一项操作都分开进行录制所获得的宏，各代码能实现什么功能就一目了然!

具体来说，各段宏代码能够实现的功能如下。

·宏1：❶选择A1:C10单元格区域。
·宏2：❷添加边框。
·宏3：❸设置文字颜色为红色。

为了便于区分，可以像上图展示的那样在注释中添加说明，也可以像下面这样修改各个宏的名称。

·Macro1_选择区域。
·Macro2_边框。
·Macro3_红色字体。

第3章

# 掌握创建宏的基本方法
# （循环与分支的结构）

# 第11课
# 循环的应用

扫码看视频

## 循环结构的基础

本课将介绍关于循环结构（Loop结构）的内容，可以毫不夸张地说，**"掌握循环的人就能掌握Excel宏"**。那么就让我们一起来学习一下本节课的内容吧！

在开始之前先稍微学习一些代码的知识。

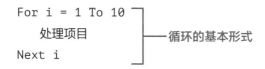

```
For i = 1 To 10
    处理项目                  ——循环的基本形式
Next i
```

上文是对处理项目进行10次循环的代码示例。循环结构还有其他各种各样的格式，本书将把该格式作为循环的基本形式，在此之上进行后续的讲解。

1. 依照惯例使用"录制宏"功能制作一个简单的宏。

❶ 启动Excel，创建新的空白工作簿。

❷ 在"开发工具"选项卡下的"代码"选项组中，单击"录制宏"按钮，弹出"录制宏"对话框之后，直接单击"确定"按钮。

❸ 选中B2单元格，请随意输入一些英文字母，比如abc。

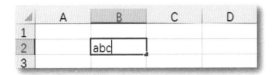

❹ 输入完成并按下Enter键之后，在"开发工具"选项卡下的"代码"选项组中，单击"停止录制"按钮来终止宏的录制。

2. 看一下刚才这段宏的代码。

❶在"开发工具"选项卡下的"代码"选项组中，单击Visual Basic按钮，打开已经见过多次的宏代码窗口。

❷在窗口左侧的"工程"窗格单击"模块"左侧的"+"符号，在下方显示"模块1"，双击"模块1"将其打开。

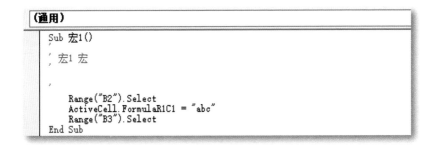

```
(通用)

Sub 宏1()
'
' 宏1 宏
'

'
    Range("B2").Select
    ActiveCell.FormulaR1C1 = "abc"
    Range("B3").Select
End Sub
```

3. 对这段代码进行相应的修改。

❶ 在前文介绍的循环基本形式中，ActiveCell.FormulaR1C1 = "abc"对应的是**处理项目**，因此，需要把基本形式里面头尾两部分的代码添加进去，将其改写为以下代码。

```
For i = 1 To 10
    ActiveCell.FormulaR1C1 = "abc"
Next i
```

※代码"For i = 1 To 10"各个部分（即For、i、=、1、To、10）之间，必须插入空格（半角空格字符），末尾的Next与i之间也一样。

※编程中为了提高代码的可阅读性，一般会给循环的内容（对应示例中的"处理项目"）加上缩进。因此，请将光标定位在代码行开头的位置按Tab键输入一次缩进。

修改之后的代码如下。

```
(通用)

Sub 宏1()
' 宏1 宏
'
    Range("B2").Select
    For i = 1 To 10
        ActiveCell.FormulaR1C1 = "abc"
    Next i
    Range("B3").Select
End Sub
```

这段代码表示"把B2单元格的内容反复10次改写为abc"。


4. 执行一下宏试试看。


❶ 先切换回Excel的窗口，创建新的工作表Sheet2，请保持这个尚未添加任何内容的新建空白工作表为打开状态。


❷ 单击"开发工具"选项卡下"代码"选项组中的"宏"按钮，弹出"宏"对话框之后直接单击"执行"按钮。

执行之后，如果B2单元格中显示abc就说明结果是正确的，但仅靠这个结果如何确认真的执行过10次了呢？毕竟执行的过程实在是太快了，普通人的眼睛根本看不出来。

在B2单元格中反复重写10次abc

5. 再对这段代码进行修改。

❶ 请在代码 ActiveCell.FormulaR1C1 = "abc"下面添加1行新代码，如下。

    ActiveCell.Offset ( 1 , 0 ).Activate

※与之前相同，为了便于阅读，请在代码前添加缩进。

修改之后的代码如下图所示。

**(通用)**

```
Sub 宏1()
'
' 宏1 宏
'
'
    Range("B2").Select
    For i = 1 To 10
        ActiveCell.FormulaR1C1 = "abc"
        ActiveCell.Offset(1, 0).Activate
    Next i
    Range("B3").Select
End Sub
```

6. 执行一下宏试试看。

❶ 先切换回Excel的窗口，打开工作表Sheet2，单击"开发工具"选项卡下"代码"选项组中的"宏"按钮，弹出"宏"对话框之后直接单击"执行"按钮。

这次应该能够很清楚地看出来这段代码重复执行了10次。

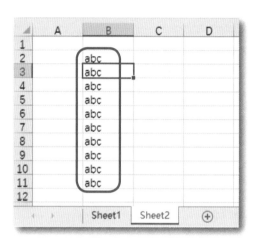

新添加的代码行 ActiveCell.Offset（1,0）.Activate 中，括号里面的数字(1, 0)代表待填写单元格的偏移距离，前面的1表示垂直移动，后面的0则表示水平移动。因此，如果把括号中的数字(1, 0)改为(0, 1)的话，这段代码就会在B2右侧的10个单元格中写入abc。

另外，如果数字改为−1，则会向上（或者向左）进行移动。但是，当移动后的位置超出工作表的范围时，就会出现错误提示。

接下来，又到了问答（例题）时间！

【例题】请将宏代码修改为"在B2单元格垂直的方向上重复写入100次"（只是把10次变为了100次）。

这道题目可能有些太简单了，大家应该都已经想到答案了吧！
只需要把代码

```
For i = 1 To 10
```

改写为

```
For i = 1 To 100
```

7. 执行一下宏试试看。

❶ 先切换回Excel的窗口，创建新的工作表Sheet3，请保持新建空白工作表为打开状态。

❷ 单击"开发工具"选项卡下"代码"选项组中的"宏"按钮，弹出"宏"窗口之后直接单击"执行"按钮。

应该已经看到写满100个单元格的abc了吧。下面是另一道题目！

【例题】请将宏代码修改为"在B2单元格垂直方向上依次写入1到100的数字"。

提示

代码For i = 1 To 10中的变量i（保存数据用的箱子），在100次循环中保存过1到100每一个数字。

想到解决办法了吗？

答案是把写入单元格中的abc，替换为变量i中存放的数据，也就是将代码行

```
ActiveCell.FormulaR1C1 = "abc"
```
改写为
```
ActiveCell.FormulaR1C1 = i
```

※请注意不要在i（变量）两侧加上""，变成"i"那就大错特错了。

这里的变量i，在编程中通常被称为"计数器（counter）"，因为在循环中会以i= 1,2,3,…,100这样的方式进行计数。


8. 执行一下宏看看。

❶ 先切换回Excel窗口（用工作表Sheet3就可以）。

❷ 执行宏。单击"开发工具"选项卡下"代码"选项组中的"宏"按钮，弹出"宏"对话框之后直接单击"执行"按钮。

执行之后，如果能看到1到100的全部数字，就说明结果是正确的。

循环之道，忠于基本则至简！

本节课到这里就结束了。本课中制作的宏，请使用一个简单易懂的文件名（文件类型必须选择"Excel启用宏的工作簿"选项）进行妥善保存。

# 第12课
# 将字符串中的每个字分别放入不同单元格中

## 基本循环的运用1

扫码看视

本节课中，将会介绍如何运用上节课所学的基本循环。事不宜迟，一起来看一下制作宏时用到的课题吧。

> 选择需要处理的单元格，对单元格中的文字逐字进行分割，然后让每个字都分别存放在1个单元格内。
> 例如"山田商务株式会社"，分割为"山""田""商"……

实现此课题的宏，将会通过本节以及下节共2节课的学习来完成。

1. 依照惯例使用"录制宏"功能制作一个简单的宏。

❶ 启动Excel，创建新的空白工作簿。

❷ 在"开发工具"选项卡下的"代码"选项组中，单击"录制宏"按钮，弹出"录制宏"对话框之后，直接单击"确定"按钮。

❸ 选择B2单元格，请随意输入一点数字，如111。

❹ 选择下方的B3单元格，随意输入一个数，例如222。

❺ 输入完成并按下Enter键之后，在"开发工具"选项卡下的"代码"选项组中，单击"停止录制"按钮，终止宏的录制。

2. 来看一下刚才制作的宏代码。

❶ 在"开发工具"选项卡下的"代码"选项组中，单击Visual Basic按钮，打开已经见过多次的宏代码窗口。

❷ 在窗口左侧的"工程"窗格中单击"模块"左侧的"+"符号，在下方显示"模块1"，双击"模块1"将其打开，如下图所示。

```
(通用)

Sub 宏1()
'
' 宏1 宏
'
'
    Range("B2").Select
    ActiveCell.FormulaR1C1 = "111"
    Range("B3").Select
    ActiveCell.FormulaR1C1 = "222"
    Range("B4").Select
End Sub
```

3. 接下来对这段代码进行修改加工。

❶ 把代码行
```
ActiveCell.FormulaR1C1 = "111"
```
改写为
```
a = ActiveCell.Value
```

❷ 把代码行

```
ActiveCell.FormulaR1C1 = "222"
```

改写为

```
ActiveCell.FormulaR1C1 = a
```

**(通用)**

```
Sub 宏1()
'
' 宏1 宏
'
'
    Range("B2").Select
    a = ActiveCell.Value
    Range("B3").Select
    ActiveCell.FormulaR1C1 = a
    Range("B4").Select
End Sub
```

　　像这样对代码进行改写的操作，在本书之前的课程中已经练习过很多次了，大家应该都很熟悉。


4. 再次对这段代码进行修改。


❶ 运用前一节课中学习的循环基本形式，在刚才修改的代码行

```
ActiveCell.FormulaR1C1 = a
```

前后添加两行代码，将其改写为以下代码。

```
For i = 1 To 10
    ActiveCell.FormulaR1C1 = a
Next i
```

❷ 增加一行代码

```
ActiveCell.Offset(1, 0).Activate
```

将其改写为以下代码。

```
For i = 1 To 10
    ActiveCell.FormulaR1C1 = a
    ActiveCell.Offset(1, 0).Activate
Next i
```

　　新添加的这些代码是上一节课中已经学习过的内容，从 For i = 1 To 10 到 Next i，整个部分为循环结构的基本形式。

　　而代码 ActiveCell.Offset(1,0).Activate 则表示当前写入位置沿着垂直方向进行移动。

　　全部修改完成之后的代码如下图所示。

**(通用)**

```
Sub 宏1()
'
' 宏1 宏
'
'
    Range("B2").Select
    a = ActiveCell.Value
    Range("B3").Select
    For i = 1 To 10
        ActiveCell.FormulaR1C1 = a
        ActiveCell.Offset(1, 0).Activate
    Next i
    Range("B4").Select
End Sub
```

5. 执行一下宏试看。

❶ 切换回Excel的窗口（当前工作表保持Sheet1就好）。

❷ 在B2单元格中输入"山田商务株式会社财务部"。

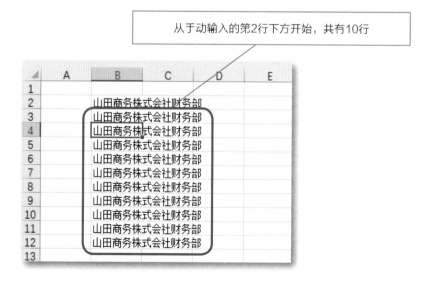

❸ 单击"开发工具"选项卡下"代码"选项组中的"宏"按钮，弹出"宏"对话框之后直接单击"执行"按钮。

执行之后，如果在垂直方向上新出现了10行"山田商务株式会社财务部"（总计11行），这就说明结果是正确的。

从手动输入的第2行下方开始，共有10行

本节课到这里就结束了。这次制作出来的宏代码将会继续在下节课中使用，请妥善保存该文件。和往常一样，文件类型选择"Excel启用宏的工作簿"，使用文件名gogo12.xlsm进行保存。

※如果打算直接进入下节课，为了配合课程内容，请务必先保存上述文件，关闭Excel进行重启之后，再开始后面的学习。

扫码看视

# 第13课
# 将字符串中的每个字分别放入不同单元格中

## 基本循环的运用2

本节课将继续学习基本循环，并完成在上节课开头所提出来的课题（把字符串分割成单个字逐个放入单元格中）。首先，请准备好前一节课中保存好的Excel文件gogo12.xlsm。

1. 先确认上节课中所完成的宏代码。

❶ 打开gogo12.xlsm。如果出现安全警告，请单击右侧的"启用内容"按钮。

❷ 单击"开发工具"选项卡下"代码"选项组中的Visual Basic按钮，在弹出的对话框中看到上次完成的宏代码。

```
(通用)

Sub 宏1()
'
' 宏1 宏
'
'
    Range("B2").Select
    a = ActiveCell.Value
    Range("B3").Select
    For i = 1 To 10
        ActiveCell.FormulaR1C1 = a
        ActiveCell.Offset(1, 0).Activate
    Next i
    Range("B4").Select
End Sub
```

按照往常的流程，接下来会对此段代码进行修改，但是在之前，需要先进行一些说明，这可能是本书迄今为止第一个稍微有些难度的内容。

为了完成本节课的课题，此处将会使用"VBA标准函数"。VBA是制作Excel宏所使用的编程语言的名称，在本书中出现的所有代码全都是由VBA编写而成的。

至于标准函数，请把它想象成**"无论是谁都有问必答、邻居家亲切的大哥哥"**就好。

本节课中将会用到的两种"VBA标准函数"分别是mid( )函数以及len( )函数。

2. 在这些说明的基础之上，稍微对代码进行修改。

将代码
```
ActiveCell.FormulaR1C1 = a
```
改写为
```
ActiveCell.FormulaR1C1 = Mid(a,i,1)
```

```
(通用)
Sub 宏1()
'
' 宏1 宏
'

    Range("B2").Select
    a = ActiveCell.Value
    Range("B3").Select
    For i = 1 To 10
        ActiveCell.FormulaR1C1 = Mid(a, i, 1)
        ActiveCell.Offset(1, 0).Activate
    Next i
    Range("B4").Select
End Sub
```

※关于此处使用的mid()函数，将会在之后进行更详细地说明。

3. 执行一下宏试试看。

❶ 切换回Excel窗口（直接使用工作表Sheet1就可以）。

❷ 单击"开发工具"选项卡下"代码"选项组中的"宏"按钮，弹出"宏"对话框之后直接单击"执行"按钮。

看到执行之后的结果有什么想法吗？字符串的确是逐字分割，并且把每一个字都分别放进1个单元格中。但是，不知道各位有没有发现，"财务部"的"部"字不见了。

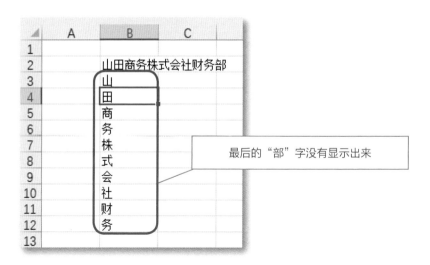

最后的"部"字没有显示出来

4. 继续对这段代码进行修改加工。

❶ 切换回代码窗口，刚才修改过的代码前一行是

```
For i = 1 To 10
```

将其改写为

```
For i = 1 To Len(a)
```

```
(通用)
  Sub 宏1()
  ' 宏1 宏

      Range("B2").Select
      a = ActiveCell.Value
      Range("B2").Select
      For i = 1 To Len(a)
          ActiveCell.FormulaR1C1 = Mid(a, i, 1)
          ActiveCell.Offset(1, 0).Activate
      Next i
      Range("B4").Select
  End Sub
```

※关于此处使用的len()函数，将会在之后进行更详细地说明。

5. 执行一下宏试试看。

❶ 先切换回Excel窗口（当前工作表保持Sheet1就好）。

❷ 单击"开发工具"选项卡下"代码"选项组中的"宏"按钮，弹出"宏"对话框之后直接单击"执行"按钮。

　　结果如何呢？这次能够显示出"……会社财务部"中的"部"字了。

|     | A | B | C |
| --- | --- | --- | --- |
| 1 |  |  |  |
| 2 |  | 山田商务株式会社财务部 |  |
| 3 |  | 山 |  |
| 4 |  | 田 |  |
| 5 |  | 商 |  |
| 6 |  | 务 |  |
| 7 |  | 株 |  |
| 8 |  | 式 |  |
| 9 |  | 会 |  |
| 10 |  | 社 |  |
| 11 |  | 财 |  |
| 12 |  | 务 |  |
| 13 |  | 部 |  |
| 14 |  |  |  |

接下来分别对len( )和mid( )这两个新函数进行详细地说明。

首先是亲切地告诉我们文字数量名为len( )的大哥哥。

你问"山田商务"有几个字？他会回答共4个字。

那么"山田商务株式会社财务部"有几个字呢？回答则是共11个字。

函数总是会像这样告诉我们答案。

abc 呢?

3 个字母!

你

亲切的 Len( ) 哥哥

至于另一位名为mid()的大哥哥，则更加复杂一些。

"山田商务"的第一个字是什么？他会回答"山"。

"山田商务株式会社财务部"第5个字开始数出4个字呢？他会回答"株式会社"。

可能这样还是不太好理解，那么再来看看具体的使用场景吧。

len( )函数用在"还没有确定要分割成多少个字"的时候。

mid( )函数则是用在"分割文字"的时候。

话说回来，关于课程的主题（制作宏的课题），其实还有一点儿尚未完成的内容，让我们马上来解决这个问题吧。

先回顾一下本节课制作宏时使用的课题。

> 选择需要处理的单元格，对单元格中的文字逐字进行分割，然后让每个字都分别存放在1个单元格内。
>
> 例如"山田商务株式会社"，分割为"山""田""商"……

问题出在"选择需要处理的单元格"这里。现在制作好的宏，就只能分割B2单元格中的文字。

6. 赶紧再对代码进行一些修改。

找到之前修改过的代码行

```
For i = 1 To Len ( a )
```

上方的3行代码，如下。

```
Range ( "B2" ) . Select
a = ActiveCell . Value
Range ( "B3" ) . Select
```

为了能够处理指定单元格内的数据，进行以下修改。

❶ 第1行代码

    Range（"B2"）.Select

整行直接删除。

❷ 把第3行代码

    Range（"B3"）.Select

改写为

    ActiveCell.Offset（1, 0）.Activate

修改之后的代码如下图所示。

```
Sub 宏1()
' 宏1 宏
'
    a = ActiveCell.Value
    ActiveCell.Offset(1, 0).Activate
    For i = 1 To Len(a)
        ActiveCell.FormulaR1C1 = Mid(a, i, 1)
        ActiveCell.Offset(1, 0).Activate
    Next i
    Range("B4").Select
End Sub
```

（通用）

7. 执行一下试试看。

❶ 先切换回Excel窗口，创建新的工作表Sheet2，保持新建空白工作表为打开状态。

❷ 在A1单元格中输入"山田商务株式会社财务部"。

❸ 请在E2单元格中输入"开始Excel宏的学习吧"

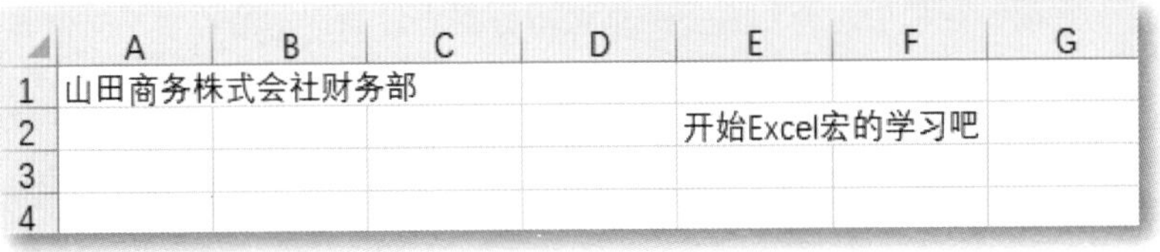

| | A | B | C | D | E | F | G |
|---|---|---|---|---|---|---|---|
| 1 | 山田商务株式会社财务部 | | | | | | |
| 2 | | | | | 开始Excel宏的学习吧 | | |
| 3 | | | | | | | |
| 4 | | | | | | | |

❹ 完成输入之后，先选中第一个输入文字的A1单元格，接着在"开发工具"选项卡下的"代码"选项组中，单击"宏"按钮，弹出"宏"对话框之后直接单击"执行"按钮。

❺ 再来一次，选中E2单元格，在"开发工具"选项卡下的"代码"选项组中，单击"宏"按钮，弹出"宏"对话框之后直接单击"执行"按钮。

执行之后的结果感觉如何呢？详细内容如下图所示。

| | A | B | C | D | E | F | G |
|---|---|---|---|---|---|---|---|
| 1 | 山田商务株式会社财务部 | | | | | | |
| 2 | 山 | | | | 开始Excel宏的学习吧 | | |
| 3 | 田 | | | | 开 | | |
| 4 | 商 | | | | 始 | | |
| 5 | 务 | | | | E | | |
| 6 | 株 | | | | x | | |
| 7 | 式 | | | | c | | |
| 8 | 会 | | | | e | | |
| 9 | 社 | | | | l | | |
| 10 | 财 | | | | 宏 | | |
| 11 | 务 | | | | 的 | | |
| 12 | 部 | | | | 学 | | |
| 13 | | | | | 习 | | |
| 14 | | | | | 吧 | | |
| 15 | | | | | | | |

至此，本节课的课题"选择需要处理的单元格，对单元格中的文字逐字进行分割，然后让每个字都分别存放在1个单元格内"就已经完成了。

之前的课程中也介绍过，如果希望分割之后的文字沿着水平方向排列，只要把代码

```
ActiveCell.Offset(1, 0).Activate
```

中括号内的数字改为(0, 1)就可以了。

（译者注：经过修改后的代码中，包含两行与此相同的代码，循环前第8行的代码表示分割之后存放文字的起始位置，循环中第11行的代码才能控制已分割文字自身的排列方向。）

请多多尝试各种不同的分割显示方式。

本节课学习的两种"VBA标准函数"len( )函数和mid( )函数，常常会用于字符串操作有关代码的编写中。掌握这两种函数对大家一定会有所帮助的。

本节课到这里就结束了。大家在本节课中制作的宏代码，请务必作为今后的参考妥善地保存起来（文件名为gogo13.xlsm）。

# 第14课
# IF语句在宏里的写法

扫码看视频

## 分支结构的基础

在前面几节课中我们学习了循环结构（Loop结构）相关的内容。本节课将学习**宏代码编写中不可或缺的分支结构（IF语句）**。

在开始之前，同样需要稍微学习一些代码的知识。

```
If c = " " Then
        处理A
    Else
        处理B
    End If
```
—— 分支结构的基本形式

上述代码示例表示的含义是：如果变量c为空，则执行"**处理A**"，否则将会执行"**处理B**"。所谓分支结构，就是指根据某种条件来选择执行不同处理的流程。

本书将会把上述格式作为分支结构的基本形式，在此之上进行后续的讲解。

1. 依照惯例使用"录制宏"功能制作一个简单的宏。

❶ 启动Excel，创建新的空白工作簿。

❷ 在"开发工具"选项卡下的"代码"选项组中，单击"录制宏"按钮，弹出"录制宏"对话框之后，直接单击"确定"按钮。

❸ 选择B2单元格，随便输入一个数字，如111。

❹ 选择B3单元格，随意输入一个数字，如222。

❺ 输入完成并按下Enter键之后，在"开发工具"选项卡下的"代码"选项组中，单击"停止录制"按钮终止宏的录制。

2. 看一下刚才录制的宏代码。

❶ 在"开发工具"选项卡下的"代码"选项组中，单击Visual Basic按钮，打开已经见过多次的宏代码窗口。

❷ 在窗口左侧"工程"窗格中单击"模块"左侧的"+"符号，在下方显示"模块1"，双击"模块1"将其打开，如下图所示。

```
(通用)

Sub 宏1()
'
' 宏1 宏
'
'
    Range("B2").Select
    ActiveCell.FormulaR1C1 = "111"
    Range("B3").Select
    ActiveCell.FormulaR1C1 = "222"
    Range("B4").Select
End Sub
```

3. 接下来对这段代码进行修改。

❶ 为了获取B2单元格中的数据并将其放入变量c中，需要把代码

ActiveCell.FormulaR1C1 = " 111 "

改写为

```
c = ActiveCell.Value
```

❷ 为了让代码"ActiveCell.FormulaR1C1 = "222""成为前文介绍的分支结构基本形式中**处理A**和**处理B**，需要补充其余代码，将其改写为以下的代码。

```
If c = " " Then
    ActiveCell.FormulaR1C1 = "222"
Else
    ActiveCell.FormulaR1C1 = "222"
End If
```

※分支结构（IF语句）与循环结构相同，通常来说，为了提高可阅读性会给代码添加缩进。因此，请在处理代码行开头的位置按Tab键输入一次缩进。

❸ 对当前代码中的两项222进行替换，上面的一处修改为"无"，下面的则修改为"有"。

修改之后的代码如下图所示。

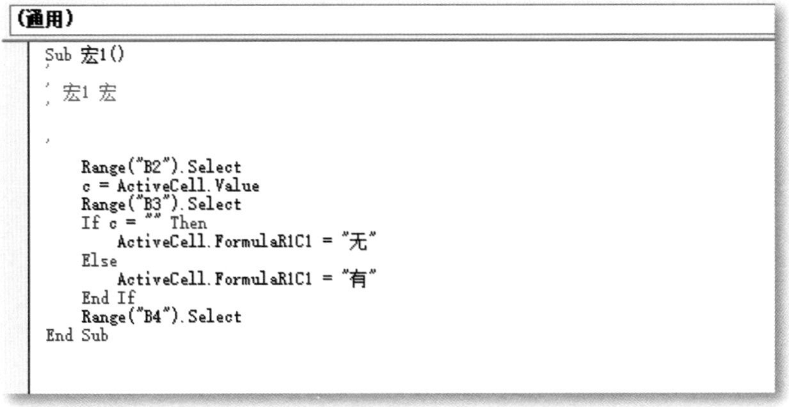

```
(通用)

Sub 宏1()
'
' 宏1 宏
'
    Range("B2").Select
    c = ActiveCell.Value
    Range("B3").Select
    If c = "" Then
        ActiveCell.FormulaR1C1 = "无"
    Else
        ActiveCell.FormulaR1C1 = "有"
    End If
    Range("B4").Select
End Sub
```

把这段代码对照分支结构的基本形式来看，

"**处理A**"的部分是"ActiveCell.FormulaR1C1 = "无""。

"**处理B**"的部分为"ActiveCell.FormulaR1C1 = "有""，而分支条件则是"B2单元格是否为空"。

4. 执行一下宏试试看。

❶ 切换回Excel窗口，创建新的工作表Sheet2，保持新建空白工作表为打开状态。

❷ 单击"开发工具"选项卡下"代码"选项组中的"宏"按钮，弹出"宏"对话框之后直接单击"执行"按钮。

B2单元格当前为空的状态，所以在B3单元格中显示"无"，说明结果是正确的，与设置的分支条件相吻合。

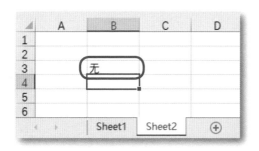

5. 再换种条件执行一下试试看。

❶ 在工作表Sheet2中，选择B2单元格并输入abc。

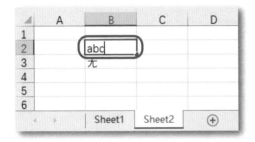

❷ 输入完成并按下Enter键之后，单击"开发工具"选项卡下"代码"选项组中的"宏"按钮，弹出"宏"对话框之后直接单击"执行"按钮。

结果如何呢？这次B2单元格不为空，所以B3单元格中显示"有"，说明结果是正确的。

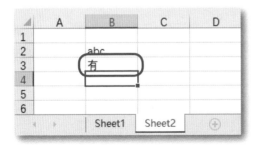

※像这样在宏里作为分支结构使用的IF语句，与工作表单元格中使用的IF语句有着完全相同的逻辑。但是，两者的格式写法并不相同。后者是全部集中起来写在一行内，而前者则会划分成多行，形成简明的纵向排列格式。对于宏来说，越复杂的表达式，就越能体现出这种易于阅读（分段式）的分支结构的优点。

宏的IF语句用纵向布局格式，简明易懂！适合展现复杂的条件结构。

※各种IF语句示例
- If a > 100 Then            a大于100时（不包含100）。
- If a <= 100 Then          a小于等于100时。
- If a <> 100 Then          a不等于100时。
- If a >= 50 And a <= 150 Then    a大于等于50且小于等于150时。
- If a <= 50 Or a >= 150 Then    a小于等于50或大于等于150时。

    本节课到这里就结束了。本课制作的宏也请大家使用简单易懂的文件名（文件类型务必选择"Excel启用宏的工作簿"）进行保存。

# 第15课
# 快速执行宏

扫码看视频

## 按钮的制作方法

　　本节课将会一步一步介绍如何通过文本框轻松制作出可执行宏的按钮，如下图所示。只需要单击一下就能够执行宏，使用起来简单方便。希望下文中的制作说明能够在制作宏按钮方面给大家提供帮助。

| | A | B | C | D | E |
|---|---|---|---|---|---|
| 1 | 月份 | 收入额 | 支出额 | | |
| 2 | 1 | ¥2,100.00 | ¥900.00 | | |
| 3 | 2 | ¥2,200.00 | ¥1,000.00 | | |
| 4 | 3 | ¥2,300.00 | ¥1,100.00 | | |
| 5 | 4 | ¥2,400.00 | ¥1,200.00 | | |
| 6 | 5 | ¥2,500.00 | ¥1,300.00 | | |
| 7 | 6 | ¥2,600.00 | ¥1,400.00 | | |
| 8 | 7 | ¥2,700.00 | ¥1,500.00 | | |
| 9 | 8 | ¥2,800.00 | ¥1,600.00 | | |
| 10 | 9 | ¥2,900.00 | ¥1,700.00 | | |
| 11 | 10 | ¥3,000.00 | ¥1,800.00 | | |
| 12 | 11 | ¥3,100.00 | ¥1,900.00 | | |
| 13 | 12 | ¥3,200.00 | ¥2,000.00 | | |
| 14 | 总额 | ¥31,800.00 | ¥17,400.00 | | |
| 15 | 去年对比 | 160.6% | 93.5% | | 计算 |
| 16 | | | | | |
| 17 | | | | | |

就是这个按钮

　　另外，虽然网络上介绍的方法通常都是如何制作并使用"控件"，但本书特意选择Excel用户平常就有所涉及的文本框作为载体，来介绍如何轻松制作执行按钮。

❶ 打开带有宏的Excel文件（后缀名为.xlsm），无须在意其内容（示例中为gogo10.xlsm）。

❷ 在工作表中选择合适的位置绘制一个适当大小的（大致能显示一个词的尺寸）文本框，并输入文字"计算"（这个词就是按钮的名称，换成"执

行"或者其他词也可以）。

※文本框菜单在"插入"选项卡的"文本"选项组中。

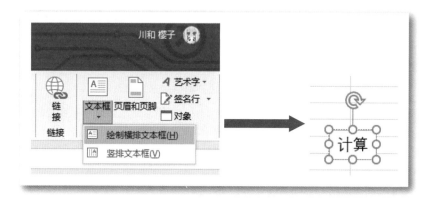

❸ 右击刚刚创建的文本框，在弹出的快捷菜单中选择"指定宏(N)…"
命令。

❹ 弹出"指定宏"对话框，在列表里面选中想要执行的宏，单击"确定"按钮。

准备完成，单击制作好的按钮试试看。

效果如何呢？只需要单击一下按钮就能够非常轻松地执行以前制作好的宏。

之前在执行宏的时候，需要单击"开发工具"选项卡下"代码"选项组中的"宏"按钮，弹出"宏"对话框并选择想要执行的宏之后再单击"执行"按钮。经过这么多步骤才能完成的操作，现在只需要单击一下按钮。相比之下现在变得非常轻松了。

使用这种方法，制作好的宏全都可以通过一个按钮来执行。并且，制作成可执行宏按钮的"文本框"，依然可以像平常那样设置格式、改变字体以及调整大小等。

【注意】制作成按钮的文本框，单击时就会执行指定的宏。因此，想要对按钮进行各种调整（移动位置、改变字体或名称、删除等）的时候，需要**先在按钮上单击鼠标右键**进入选中状态后再单击，才能够进行其他的操作。

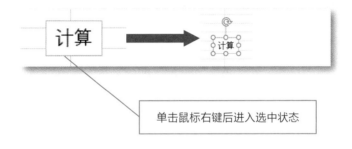

单击鼠标右键后进入选中状态

# 数据获取、循环结构（For语句）与分支结构（IF语句）

此处总结了第2章和第3章中重要的知识点。

制作Excel宏代码时，用到的基本处理包含以下3种基本形式。
· 获取单元格数据。
· 循环结构（For语句）。
· 分支结构（IF语句）。

只要能够一定程度上掌握"录制宏"功能的应用，并且能够完全理解这3种基本形式，编程就会变得很简单。因此，请务必要切实地掌握第2章、第3章中学习过的这3种基本形式。

● 获取单元格数据的基本形式　　　第6课
（参见第55~56页）

```
Range( "A3" ).Select
a = ActiveCell.Value
```

● 循环结构（For语句）的基本形式　第12课
（参见第104页）

```
For i = 1 To 10
    处理项目
Next i
```

● 分支结构（IF语句）的基本形式　　第15课
（参见第127页）

```
If c = " " Then
    处理A
Else
    处理B
End If
```

# 循环与分支的应用
# （循环中嵌入IF语句）

◆**本章将通过宏实现的功能（来自一位 Excel 用户的需求）**

> 　　虽然不知道能不能使用宏来解决这个问题，但还是说一下吧。
>
> 　　有一张总计1000行的空白Excel表，输入一些数据之后，就能用一个简单的函数统计出结果。使用这张表计算出的结果是，一共输入了600行数据，后面（没有使用）的400行都是空白行（空行）。
>
> 　　虽然多余的400行可以通过拖曳选中之后删除，但希望能让这个过程自动化。另外，工作表不止一张，而且统计每张工作表所显示的空行数量也不尽相同。可能这张工作表有300行空行，另一张工作表则有700行空行。
>
> 　　想要一个通用的宏从大约30张工作表中删掉无用行，怎么才能制作出来呢？

【效果预览】

| ◢ | A | B | C |
|---|---|---|---|
| 598 | 260-0852 | 青叶町 | aobachou |
| 599 | 260-0804 | 赤井町 | akaichou |
| 600 | 260-0002 | 旭町 | asahichou |
| 601 | | | |
| | | | |

| ◢ | A | B | C |
|---|---|---|---|
| 598 | 260-0852 | 青叶町 | aobachou |
| 599 | 260-0804 | 赤井町 | akaichou |
| 600 | 260-0002 | 旭町 | asahichou |

　　想要一个能在不同工作表中自动删除空白行的宏！

# 第16课
# 删除无用行及之后的部分

扫码看视频

## 处理流程和循环

在第3章，我们学习了关于循环结构（For语句）和分支结构（IF语句）的基础内容。本章主要学习如何同时运用循环结构和分支结构。

本章将制作"删除无用行及之后的部分"的宏，相比以往制作的宏，代码会更加复杂，因此将分为3部分进行详细说明。各位读者中可能有人有过这样的感受，如多余（不需要）的行会很碍眼，或是印刷的时候很碍事，但还是不得不忍受着继续使用，学过本章内容之后就无须再忍耐了。

为了能顺利完成本次的主题，梳理出以下几步。
①将获取的第1行到第1000行的数据放入循环结构中。
②在循环结构中利用IF语句定位第一次出现的空行。
③从定位好的空行开始直到1000行为止，删除其中全部的内容。

首先制作步骤①中的宏。

1. 依照惯例使用"录制宏"功能制作一个简单的宏。

❶ 启动Excel，创建新的空白工作簿。

❷ 在"开发工具"选项卡下的"代码"选项组中，单击"录制宏"按钮，弹出"录制宏"对话框之后，直接单击"确定"按钮。

❸ 选择B1单元格，请随意输入一些字母，比如abc。

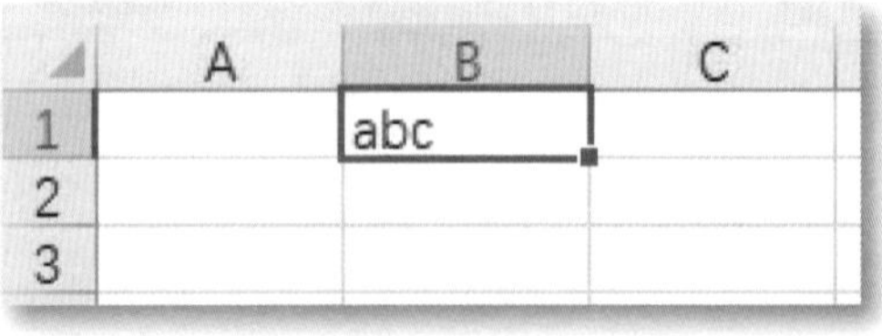

④ 输入完成并按下Enter键之后，在"开发工具"选项卡下的"代码"选项组中，单击"停止录制"按钮终止宏的录制。

2. 看一下刚才制作的宏代码。

❶ 在"开发工具"选项卡下的"代码"选项组中，单击Visual Basic按钮，打开已经见过多次的宏代码窗口。

❷ 在窗口左侧的"工程"窗格中单击"模块"左侧的"+"符号，在下方显示"模块1"选项，双击"模块1"将其打开，如下图所示。

```
(通用)

Sub 宏1()
'
' 宏1 宏
'
'
    Range("B1").Select
    ActiveCell.FormulaR1C1 = "abc"
    Range("B2").Select
End Sub
```

3. 对这段代码进行修改。

❶ 上一章介绍的循环基本形式中，与ActiveCell.FormulaR1C1 = "abc"对应的是**处理项目**，还需要把基本形式里前后两部分的代码添加进去，将其改写为以下代码。

```
For i = 1 To 1000
    ActiveCell.FormulaR1C1 = "abc"
Next i
```

❷ 在代码 ActiveCell.FormulaR1C1 = "abc"与下一行代码Next i 之间，再添加以下代码。

```
    ActiveCell.Offset(1, 0).Activate
```

完成修改之后的代码如下图所示。

```
(通用)

Sub 宏1()
'
' 宏1 宏
'
'
    Range("B1").Select
    For i = 1 To 1000
        ActiveCell.FormulaR1C1 = "abc"
        ActiveCell.Offset(1, 0).Activate
    Next i
    Range("B2").Select
End Sub
```

4. 执行一下宏试试看。

❶ 切换回Excel窗口，保持Sheet1为当前工作表，单击"开发工具"选项卡下"代码"选项组中的"宏"按钮，弹出"宏"对话框之后直接单击"执行"按钮。

执行之后（可能会稍微出现一些卡顿），如果B列中垂直显示了1000个abc，就说明结果是正确的。

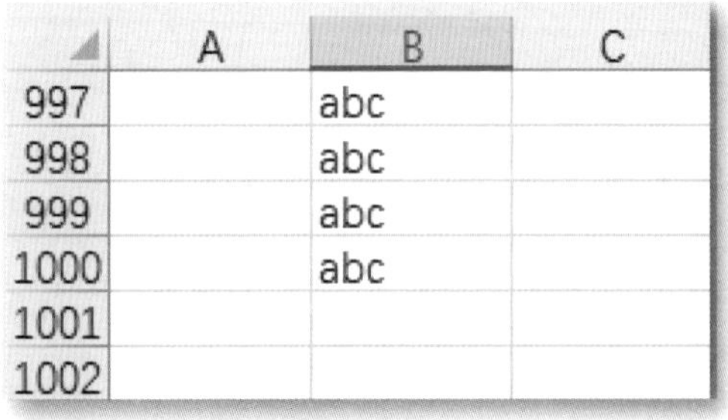

|  | A | B | C |
|---|---|---|---|
| 997 | | abc | |
| 998 | | abc | |
| 999 | | abc | |
| 1000 | | abc | |
| 1001 | | | |
| 1002 | | | |

5. 对代码进行修改。

❶ 切换回代码窗口，把代码行

```
ActiveCell.FormulaR1C1 = "abc"
```

改写为

```
a = ActiveCell.Value
```

完成修改之后的代码如下图所示。

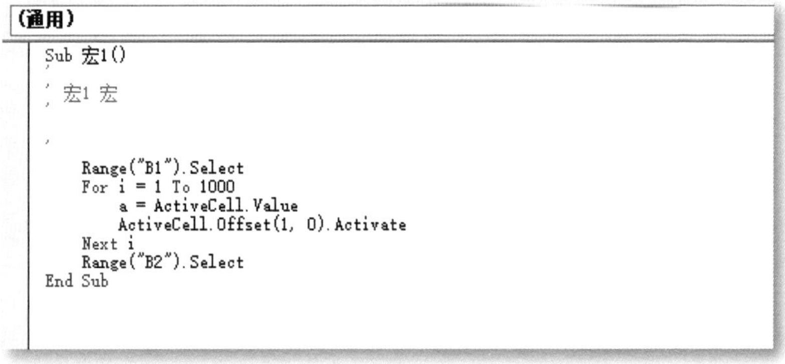

**(通用)**

```
Sub 宏1()
' 宏1 宏
'
'
    Range("B1").Select
    For i = 1 To 1000
        a = ActiveCell.Value
        ActiveCell.Offset(1, 0).Activate
    Next i
    Range("B2").Select
End Sub
```

进行到这一步之后，代码将暂时不具有实际效果，因此也不需要再次验证执行。但是，步骤1"将获取的第1行到第1000行的数据放入循环结构中"的目标已经达成了。

本节课到这里就结束了。本次完成的宏将会在下节课中继续使用，请妥善保管好相关文件（文件类型为"Excel启用宏的工作簿"，文件名为gogo16.xlsm）。

※如果打算直接开始下节课的学习，为了配合课程内容，请务必先保存上述文件，关闭Excel进
　行重启之后，再开始后面的学习。

# 第17课
# 删除无用行及之后的部分

扫码看视频

## 找出循环中空白的行

　　本节课继续制作上节课未完成的删除无用行的宏。在之前已经提到过，本次的主题将会分为以下3个步骤来完成。

　　①将获取的第1行到第1000行的数据放入循环结构中。
　　②在循环结构中利用IF语句定位第一次出现的空行。
　　③从定位好的空行开始直到1000行为止，删除其中全部的内容。

　　本节课将会完成步骤②中的内容。先准备好上节课最后保存的Excel文件gogo16.xlsm，其中带有之前录制的宏。

1. 先确认上节课所完成的宏代码。

❶ 打开gogo16.xlsm。如果出现安全警告，请单击右侧的"启用内容"按钮。

❷ 单击"开发工具"选项卡下"代码"选项组中的Visual Basic按钮，会在弹出的窗口中看到上次完成的宏代码，如下图所示。

```
Sub 宏1()
'
' 宏1 宏
'

    Range("B1").Select
    For i = 1 To 1000
        a = ActiveCell.Value
        ActiveCell.Offset(1, 0).Activate
    Next i
    Range("B2").Select
End Sub
```

此段代码表示的就是前文步骤1"将获取的第1行到第1000行的数据放入循环结构中"的内容。本节课将会把前一章中所学的"分支结构（IF语句）"组合进去。

2. 直接开始对代码进行修改。

❶ 需要组合进去的IF语句是以下稍微改变分支结构基本形式之后的4行代码。

```
If a = "" Then
    c = ActiveCell.Row
    ActiveCell.FormulaR1C1 = c
End If
```

❷ 将新代码插入循环处理部分中以下两行代码之间。

```
        a = ActiveCell.Value
        ActiveCell.Offset(1, 0).Activate
```

完成修改后的代码如下图所示。

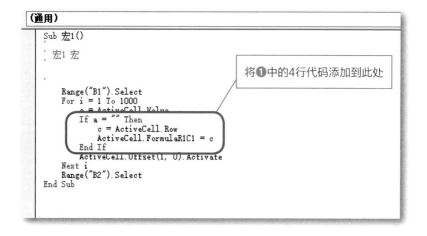

```
(通用)
Sub 宏1()
'
'  宏1 宏
'
     Range("B1").Select
     For i = 1 To 1000
         c = ActiveCell.Value
         If a = "" Then
             c = ActiveCell.Row
             ActiveCell.FormulaR1C1 = c
         End If
         ActiveCell.Offset(1, 0).Activate
     Next i
     Range("B2").Select
End Sub
```

将❶中的4行代码添加到此处

这里添加的4行代码，省略了分支处理基本形式中**处理B**的部分。

```
If c = "" Then
     处理A
Else
     处理B
End If
```

并且，此处的**处理A**中还包含两行代码。其中第一行代码c = Ac-tiveCell.Row的含义为"将当前（选中）单元格的行号存入变量c中"。

3. 执行一下宏试试看。

❶ 切换回Excel窗口（使用排列有1000个abc的工作表Sheet1）。

❷ 选中B10: B20单元格区域，并删除这部分所有的abc。

※ 选中单元格区域后按下Delete键即可删除。

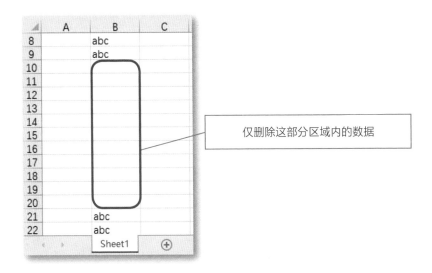

仅删除这部分区域内的数据

❸ 单击"开发工具"选项卡下"代码"选项组中的"宏"按钮，弹出
"宏"对话框后直接单击"执行"按钮。

如果B10:B20单元格区域中，显示了各自的行号10~20，说明结果是正
确的。

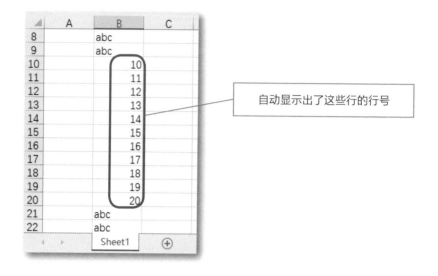

内的文字：自动显示出了这些行的行号

这就是刚才制作的宏"找到空白单元格之后在其中显示行号"的执行结果。

4. 对代码进行修改。

❶ 返回代码窗口，在新添加的4行代码中找到第3行和第4行，在这两行之间添加以下代码。

```
Exit For
```

完成添加之后的代码如下图所示。

**(通用)**

```
Sub 宏1()
'
' 宏1 宏
'
'
    Range("B1").Select
    For i = 1 To 1000
        a = ActiveCell.Value
        If a = "" Then
            c = ActiveCell.Row
            ActiveCell.FormulaR1C1 = c
            Exit For
        End If
        ActiveCell.Offset(1, 0).Activate
    Next i
    Range("B2").Select
End Sub
```

刚刚添加的这行代码表示"找到第一行空白行之后，就跳出循环
（For语句）"，这样可以省去1000次循环中不必要的部分。

5. 执行一下宏试试看。

❶ 切换回Excel窗口（同样在工作表Sheet1中执行）。

❷ 选中B10:B20单元格区域，将其中的数字10~20全部删除。

❸ 单击"开发工具"选项卡下"代码"选项组中的"宏"按钮，弹出
"宏"对话框后直接单击"执行"按钮。

**只有B10单元格**中显示了行号才说明结果是正确的。

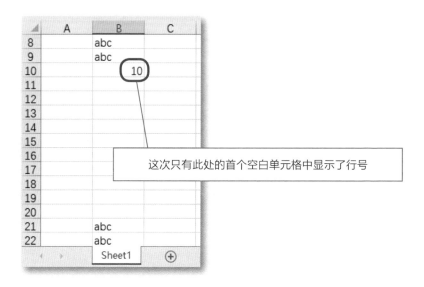

因为省去了不少无谓的循环，感觉执行速度比之前快一些。

本节课到这里就结束了。本次完成的宏将会在下节课中继续使用，请妥善保管好相关文件（文件类型为"Excel启用宏的工作簿"，文件名为 gogo17.xlsm）。

※如果打算直接进行下节课的学习，为了配合课程内容，请务必先保存上述文件，关闭Excel进行重启之后，再开始后面的学习。

# 第18课
# 删除无用行及之后的部分

扫码看视频

## 删除不需要的行

　　本节课将会完成步骤③的部分，而整个主题也即将迎来尾声。先准备好上节课中制作的Excel文件gogo17.xlsm，里面包含所需要的宏。

1. 利用"录制宏"功能明确删除行的方法。

❶ 打开gogo17.xlsm。如果出现安全警告，单击右侧的"启用内容"按钮。

❷ 在"开发工具"选项卡下的"代码"选项组中，单击"录制宏"按钮，弹出"录制宏"对话框之后，直接单击"确定"按钮。

❸ 在工作表内选中第11~20行之间的行，并将这10行全部删除。

※不是选择单元格，而是直接在行号上进行拖选，然后右击，选择"删除(D)"命令，或者单击
　"开始"选项卡下"单元格"选项组中的"删除"按钮。

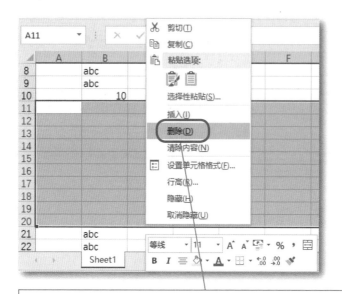

选择第11~20行之间的行并右击，选择"删除(D)"命令

❹ 在"开发工具"选项卡下的"代码"选项组中，单击"停止录制"按钮终止宏的录制。

❺ 单击"开发工具"选项卡下"代码"选项组中的Visual Basic按钮，弹出宏代码窗口之后，在左侧"工程"窗格中打开"模块"扩展列表，然后双击下方的"模块2"选项，打开刚刚录制好的代码。

通过这段代码，就能明白删除的是以下两行代码。

```
Rows("11:20").Select
Selection.Delete Shift:=xlUp
```

第1行代码执行选择行，第2行代码则会将选中行全部删除。

2. 借用这两行内容对原本的代码进行修改。

❶ 双击"模块"列表中的"模块1"选项，打开上节课中完成的代码宏1，
找到倒数第3行"Next i"，在其下方插入以下两行代码。

```
Rows("11:20").Select
Selection.Delete Shift:=xlUp
```

※可以直接从宏2中把这两行代码复制粘贴过来。

❷ 在刚刚添加的代码中，把第1行代码Rows("11:20").Select中表示范围的代码改写为"从第c行到第1000行"。

```
Rows（c & ":1000"）.Select
```

完成修改之后的代码如下图所示。

```
(通用)
Sub 宏1()
'
' 宏1 宏
'
'
    Range("B1").Select
    For i = 1 To 1000
        a = ActiveCell.Value
        If a = "" Then
            c = ActiveCell.Row
            ActiveCell.FormulaR1C1 = c
            Exit For
        End If
        ActiveCell.Offset(1, 0).Activate
    Next i
    Rows(c & ":1000").Select
    Selection.Delete Shift:=xlUp
    Range("B2").Select
End Sub
```

大体上来说，本次的主题到这里就已经完成了。

3. 执行一下宏试试看。

❶ 切换回Excel窗口，新创建一张工作表。

❷ 选中前1000行区域（觉得1000行太多，选中几百行也可以），并添加边框。

选择行，在"开始"选项卡下"字体"选项组中，单击边框右侧▼，在下拉列表中选择"所有框线(<u>A</u>)"选项。

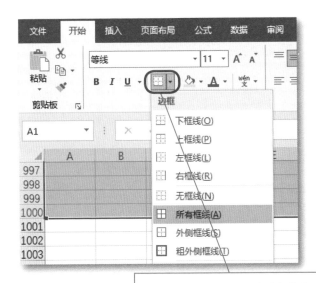

选择足够多的行单击▼，
在"边框"下拉列表中选择"所有框线(A)"选项

❸ 在B1单元格中随意输入一些文字（比如"到此为止"），然后用拖曳等操作在有边框的区域内进行自动填充，让数据向下重复数行。

|   | A | B | C | D |
|---|---|---|---|---|
| 1 |   | 到此为止 |   |   |
| 2 |   | 到此为止 |   |   |
| 3 |   | 到此为止 |   |   |
| 4 |   | 到此为止 |   |   |
| 5 |   | 到此为止 |   |   |
| 6 |   |   |   |   |
| 7 |   |   |   |   |
| 8 |   |   |   |   |
| 9 |   |   |   |   |
| 10 |   |   |   |   |

❹ 完成之后，单击"开发工具"选项卡下"代码"选项组中的"宏"按钮，弹出"宏"对话框后直接单击"执行"按钮。

执行之后，如果无数据行及其下方的边框全都消失了，就说明结果是正确的。

无数据行的部分没有边框就说明结果正确

本节课到这里就结束了。这次完成的宏也请作为自己的作品使用通俗易懂的文件名妥善进行保存。

# 逐条写在纸上

编写代码的时候总能听到这样一个词"flow chart（流程图）"。如果不限于计算机编程的范围之内，应该有不少人绘制过工作流程图或是销售流程图等。

编程中流程图示例

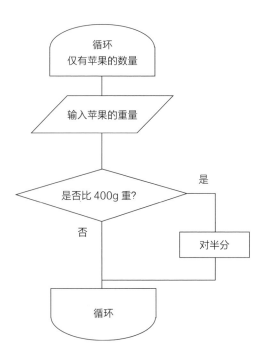

想要绘制出与之类似的程序流程图对于外行人来说门槛实在是太高了。因此，可以不使用这种流程图，而是像下文这样，用文字逐条说明处理流程。

① 输入苹果的重量。

② 如果大于400g则对半分。

③ 如果小于400g则保持不变。

④ 仅使用苹果的数量循环步骤①~③。

　　这种方法只使用短短4句话就完成了说明，完全不需要绘制前面示例中那种流程图。这样不仅大幅度降低了难度门槛，还变得更加容易理解。

　　先试着"在纸上逐条列举处理流程（逻辑）"。比如，想要获得什么结果？应该如何进行处理？"（在自己大脑里）进行内容整理"是非常重要的一件事。

　　请务必在大脑中像这样逐条进行描述，把处理流程整理为更好理解的样式。这对于代码编写来说有着巨大的帮助。

# 添加注释（说明语句）时的诀窍

刚编写好代码时，对代码是非常了解的，但无论多么专业的程序员，经过3个月的时间之后，还是会忘掉诸多代码中的细节。

就好像3天前晚饭吃了什么很难回忆起来一样，即使当时记得很清楚，经过一段时间后也会慢慢开始遗忘。

为了应对时间带来的遗忘，在编写代码的时候，请务必养成添加注释的**习惯**（完成之后再写也可以，只要在忘记之前添加上去即可）。

话虽如此，到底应该在注释里写些什么内容才好呢？特别是对于初学者来说，这更是个让人相当困惑的问题，以至于添加注释反而成为了负担。而这个答案用一句话来概括，就是**描述变量相关的说明**。

在了解代码中所使用变量的含义之后，代码整体的内容大体上就可以理解了。类似于阅读英语文章，即使不太懂语法，只要能用字典查出各个单词的含义，也能够大概了解其含义。

给变量添加注释时的要点在于，不要想着"这个变量是○○！"，而是要以"**这个变量是做什么用的**？"为基准进行描述。

例如，下文中列举了常见的例子。

```
kazu = Int(yen / 10000)   'quantity是变量
```

这样的注释就好像在说"'good morning！'是英语！"一样毫无意义。不少初学者都没有注意到这一点，非常努力地写了很多这种没有什么意义的注释。

还有一种情况也很常见。

```
kazu = Int(yen / 10000)  'quantity是rmb除以10000 之后的商
```

这种看起来似乎比前面的注释好一点儿，但也就像是在说"'good morning！'是'早上好！'的意思"这样，只是进行了一下翻译而已。像这种仅仅只是把编程语言翻译成中文的注释，完全不能发挥其应有的作用。

写注释时的重点要放在"使用这个变量的目的是什么？"上，还是以用英文的早安来说，"'good morning！'是人们在早上用来打招呼的话"这样才能是合格的注释。下文中给出了两种示例的比对，请参考"正确示例"来给代码添加注释吧。

## × 错误示例

```
quantity = Int(rmb / 10000)        'quantity: rmb整除10000的结果
remain = rmb Mod 10000             'remain: rmb除以10000后的余数
Cells(i, 3).Select
ActiveCell.Formula2R1C1 = quantity
rmb = remain                        'rmb: 存入remain
```

## ○ 正确示例

```
quantity = Int(rmb / 10000)        'quantity: 保存该币值对应的数量
remain = rmb Mod 10000             'remain: 计算下一个币值的余数
Cells(i, 3).Select
ActiveCell.Formula2R1C1 = quantity
rmb = remain                        'rmb: 用于计算币值的初始金额
```

第5章

# 通过宏制作
# 用颜色区分星期的
# 整月表格

◆本章将通过宏实现的功能（来自一位 Excel 用户的需求）

| 日期 | 星期 | 血压值（高） | 血压值（低） |
|------|------|------------|------------|
| 1 | 三 | | |
| 2 | 四 | | |
| 3 | 五 | | |
| 4 | 六 | ←青色 | |
| 5 | 日 | ←赤色 | ←星期日这行有橙色背景色 |
| 6 | 一 | | |
| · | · | | |
| · | · | | |

　　日期会标注上星期，周六和周日会用不同颜色来区分，另外周日那一行还要添加橙色的背景色。

　　在只输入年份与月份的情况下，请问应该怎样制作出满足这3点要求的表格？

【效果预览】

| | A | B | C | D |
|---|-----|-----|--------------|--------------|
| 1 | 日期 | 星期 | 血压值（高） | 血压值（低） |
| 2 | 1 | 五 | | |
| 3 | 2 | 六 | | |
| 4 | 3 | 日 | | |
| 5 | 4 | 一 | | |
| 6 | 5 | 二 | | |
| 7 | 6 | 三 | | |
| 8 | 7 | 四 | | |
| 9 | 8 | 五 | | |

# 第19课
# 制作用颜色区分星期的整月表格

## 绘制基础表格的宏

　　本章将学习与日期相关的内容。正如上一页中"本章制作的宏"所介绍的那样，主要是体验如何利用宏为日期加上对应的星期。


1. 从绘制基础表格开始。

❶ 启动Excel，创建新的空白工作簿。

❷ 利用录制宏功能，记录表格的绘制过程。首先，像往常一样开始宏的录制。

　　在"开发工具"选项卡下的"代码"选项组中，单击"录制宏"按钮，弹出"录制宏"对话框之后，直接单击"确定"按钮。

❸ 虽然会稍微有些麻烦，但是请依照下图的样子绘制出基础表格。接下来会对表格中的内容进行说明。

| | A | B | C | D |
|---|---|---|---|---|
| 1 | 日期 | 星期 | 血压值（高） | 血压值（低） |
| 2 | 1 | | | |
| 3 | 2 | | | |
| 4 | 3 | | | |
| 5 | 4 | | | |
| | 5 | | | |
| 23 | 22 | | | |
| 24 | 23 | | | |
| 25 | 24 | | | |
| 26 | 25 | | | |
| 27 | 26 | | | |
| 28 | 27 | | | |
| 29 | 28 | | | |
| 30 | 29 | | | |
| 31 | 30 | | | |
| 32 | 31 | | | |

【表格说明】

· 对于表格的绘制顺序没有要求，可以依照自己的习惯自由发挥。

· 行标题包括A列的"日期"、B列的"星期"、C列的"血压值（高）"以及D列的"血压值（低）"，总计4项。

· A列中在"日期"下方纵向排列数字1~31，可以使用自动填充的方法完成输入。

· 另外，请给表格添加边框，样式方面没有特别的要求。

❹ 表格绘制完成之后，在"开发工具"选项卡下的"代码"选项组中，单击"停止录制"按钮终止宏的录制。

　　至此，绘制上述表格的全部过程都将被"录制宏"功能记录下来。

2. 看一下刚才制作的宏代码。

❶ 在"开发工具"选项卡下的"代码"选项组中，单击Visual Basic按钮，打开已经见过多次的宏代码窗口。

❷ 在窗口左侧"工程"窗格中单击"模块"左侧的"+"符号，在下方显示"模块1"选项，双击"模块1"将其打开。

```
(通用)

    Sub 宏1()
    '
    ' 宏1 宏
    '

        Range("A1").Select
        ActiveCell.FormulaR1C1 = "日期"
        Range("B1").Select
        ActiveCell.FormulaR1C1 = "星期"
        Range("C1").Select
        ActiveCell.FormulaR1C1 = "血压值（高）"
        Range("D1").Select
        ActiveCell.FormulaR1C1 = "血压值（低）"
```

※由于绘制表格的方式不尽相同，可能会出现代码与上图不一致的情况。

　　虽然这段宏代码有些长，但是代码本身的内容完全不需要在意。想必大家已然了解，像这样通过录制宏生成代码之后，就不需要复制已经绘制好的表格了，直接运行宏就可以获得完全相同的表格。


3. 执行一下宏试试看。

❶ 切换回Excel窗口，创建新的工作表Sheet2，保持新建空白工作表为打开状态。

❷ 单击"开发工具"选项卡下"代码"选项组中的"宏"按钮，弹出"宏"对话框之后直接单击"执行"按钮。

　　执行之后，如果Sheet2里出现了与Sheet1中完全相同的表格，就说明结果是正确的。
　　虽然并不能完全复制出曾经制作过的表格，但是利用这种方法可以再现绝大部分的效果。

本节课到这里就结束了。这次完成的宏将会在下节课中继续使用，请妥善保存好相关文件（文件类型为"Excel启用宏的工作簿"，文件名为gogo19.xlsm）。

※如果打算直接进行下节课的学习，为了配合课程内容，请务必先保存上述文件，关闭Excel进行重启之后，再开始后面的学习。

# 第20课
# 制作用颜色区分星期的整月表格

扫码看视频

## 判断星期的方法

　　作为预先准备，上节课中完成了基础表格的绘制，并利用录制宏功能记录了整个过程。

　　本节课则会简单学习有关星期的处理方法。先准备好在上节课制作的Excel文件gogo19.xlsm，其中包含相关的宏。


1. 录制一段简单的宏代码。

❶ 打开gogo19.xlsm。如果出现安全警告，单击右侧的"启用内容"按钮。

❷ 打开工作表Sheet1，然后像往常一样开始宏的录制。在"开发工具"选项卡下的"代码"选项组中，单击"录制宏"按钮，弹出"录制宏"对话框之后，直接单击"确定"按钮。

❸ 在F1单元格中输入2019。

❹ 在G1单元格中输入10。

❺ 在H1单元格中输入5。

❻ 输入完成并按下Enter键之后，在"开发工具"选项卡下的"代码"选项组中，单击"停止录制"按钮终止宏的录制。

| ▲ | A | B | C | D | E | F | G | H | I |
|---|---|---|---|---|---|---|---|---|---|
| 1 | 日期 | 星期 | 血压值（高） | 血压值（低） | | 2019 | 10 | 5 | |
| 2 | 1 | | | | | | | | |
| 3 | 2 | | | | | | | | |
| 4 | 3 | | | | | | | | |

这里输入的2019、10、5，表示的是2019年10月5日。

2. 看看刚录制的宏代码。

❶ 在"开发工具"选项卡下的"代码"选项组中，单击Visual Basic按钮，打开已经见过多次的宏代码窗口。

❷ 在窗口左侧的"工程"窗格中单击"模块"扩展按钮，其下方有"模块1"和"模块2"选项，双击"模块2"将其打开，如下图所示。

```
(通用)
Sub 宏2()
'
' 宏2 宏
'
'
    Range("F1").Select
    ActiveCell.FormulaR1C1 = "2019"
    Range("G1").Select
    ActiveCell.FormulaR1C1 = "10"
    Range("H1").Select
    ActiveCell.FormulaR1C1 = "5"
    Range("H2").Select
End Sub
```

3. 对这段代码进行修改。

❶ 把代码
```
    ActiveCell.FormulaR1C1 = "2019"
```
改写为
```
    a = ActiveCell.Value
```

❷ 把代码

```
ActiveCell.FormulaR1C1 = "10"
```

改写为

```
b = ActiveCell.Value
```

❸ 把代码

```
ActiveCell.FormulaR1C1 = "5"
```

改写为

```
c = ActiveCell.Value
```

❹ 在代码

Range ("H2") .Select及End Sub之间添加1行如下所示的代码。

```
ActiveCell.FormulaR1C1 = Weekday (a &"年"& b &
"月"& c &"日")
```

※上文的内容仅包含1行代码。

完成修改之后的代码如下图所示。

```
(通用)

Sub 宏2()
' 宏2 宏
'
    Range("F1").Select
    a = ActiveCell.Value
    Range("G1").Select
    b = ActiveCell.Value
    Range("H1").Select
    c = ActiveCell.Value
    Range("H2").Select
    ActiveCell.FormulaR1C1 = Weekday(a & "年" & b & "月" & c & "日")
End Sub
```

正如大家所知道的那样，1个星期包含周日~周六共7天。

（译者注：部分英语为母语的国家以及日本，均以星期日作为一周的起始。）

那么要怎样才能知道"今天是星期几"？最后添加的代码Weekday(…)是用来判断星期的函数。下面通过实际演示来理解该函数的使用方法。

4. 执行一下宏看看。

❶ 先切换回Excel窗口（保持工作表Sheet1为打开状态）。

❷ 单击"开发工具"选项卡下"代码"选项组中的"宏"按钮，弹出"宏"对话框后，**选择名称为"宏2"**的宏，接着单击"执行"按钮。

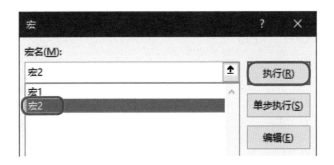

执行之后如果H2单元格中显示数字7，就说明结果是正确的。

表示2019年10月5日是星期六的数字7

5. 再执行一次试试看。

❶ 请先把H1单元格中的5改为8。

❷ 单击"开发工具"选项卡下"代码"选项组中的"宏"按钮，弹出"宏"对话框后，选择**名称为"宏2"**的宏，接着单击"执行"按钮。

这次H2单元格中显示数字3，说明结果是正确的。

表示2019年10月8日是星期二的数字3

6. 多执行一次试试看。

❶ 把H1单元格中的8改为9。

❷ 单击"开发工具"选项卡下"代码"选项组中的"宏"按钮，弹出 "宏"对话框后，选择名称为"宏2"的宏，接着单击"执行"按钮。

这次H2单元格中显示数字4，说明结果是正确的。

表示2019年10月9日是星期三的数字4

已经明白其中的原理了吗？

2019年10月5日（星期六）获得的结果是7，接着是2019年10月8日（星期二）的结果是3，而2019年10月9日（星期三）得到的则是数字4。

如上文，Weekday()函数会根据一周7天的顺序，日、一、二、三、

四、五、六→1、2、3、4、5、6、7，返回各个星期对应的数字，根据这个数字就能够判断出"指定的日期为星期几"。

　　本节课到这里就结束了。这次完成的宏将会在下节课中继续使用，请妥善保管好相关文件（文件类型为"Excel启用宏的工作簿"，文件名为gogo20.xlsm）。

※如果打算直接进行下节课的学习，为了配合课程内容，请务必先保存上述文件，关闭Excel进
　行重启之后，再开始后面的学习。

# 第21课
# 制作用颜色区分星期的整月表格

扫码看视频

## 自动显示星期

上节课学习了以数字形式获取星期的方法，本节课将用该方法在表格中显示出对应的星期。先准备好之前制作的Excel文件gogo20.xlsm，其中包含相关的宏。

1. 确认上次完成宏代码。

❶ 打开gogo20.xlsm。如果出现安全警告，单击右侧的"启用内容"按钮。

❷ 单击"开发工具"选项卡下"代码"选项组中的Visual Basic按钮，就能在看到之前制作的宏代码，如下图所示。

```
(通用)

Sub 宏2()

′ 宏2 宏

′
    Range("F1").Select
    a = ActiveCell.Value
    Range("G1").Select
    b = ActiveCell.Value
    Range("H1").Select
    c = ActiveCell.Value
    Range("H2").Select
    ActiveCell.FormulaR1C1 = Weekday(a & "年" & b & "月" & c & "日")
End Sub
```

以此为基础，辨识指定年月的"1日是星期几"，然后将其放置到表格中1日右侧表示星期的B2单元格内。

2. 对代码进行修改。

❶ 从表格的日期列中获取数据，需要进行以下修改。

  Range("H1").Select  →  Range("A2").Select

❷ 将显示星期的位置改为单元格B2，具体修改如下。

  Range("H2").Select  →  Range("B2").Select

  完成修改后的代码如下图所示。

```
(通用)
Sub 宏2()
'
' 宏2 宏
'
'
    Range("F1").Select
    a = ActiveCell.Value
    Range("G1").Select
    b = ActiveCell.Value
    Range("A2").Select
    c = ActiveCell.Value
    Range("B2").Select
    ActiveCell.FormulaR1C1 = Weekday(a & "年" & b & "月" & c & "日")
End Sub
```

3. 执行一下宏。

❶ 切换回Excel窗口（保持工作表Sheet1为打开状态）。

❷ H1和H2单元格已经用不到了，里面保存的数字也没有其他用处，可以将其删除。

❸ 单击"开发工具"选项卡下"代码"选项组中的"宏"按钮，弹出"宏"对话框后，选择名称为"宏2"的宏，接着单击"执行"按钮。

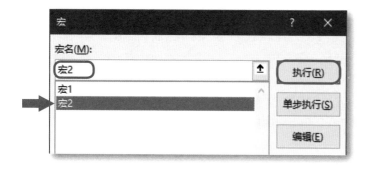

执行之后如果B2单元格中显示3，就说明结果是正确的。

数字3表示2019年10月第一天为星期二

上节课中已经说明过，此处的数字代表的含义是星期二，由此可以看出，宏代码已经可以自动判断出"2019年10月第一天（1日）是星期二"了。

但是，对于一般人来说，仅凭借这个数字可看不出来这是星期几。因此，还需要再多下一些工夫。

4. 再对代码进行修改。

❶ 使用IF语句，把数字3对应为星期二。将代码

```
ActiveCell.FormulaR1C1 = Weekday(a &"年"& b &
"月"& c &"日")
```

修改为

```
If Weekday(a &"年"& b &"月"& c &"日") = 3 Then
    ActiveCell.FormulaR1C1 = "二"
End If
```

修改完成之后的代码如下图所示。

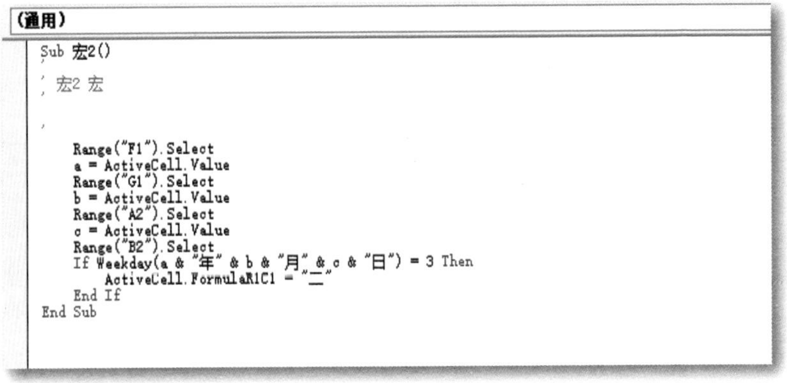

5. 执行一下看看结果。

❶ 切换回Excel窗口（保持工作表Sheet1为打开状态）。

❷ 单击"开发工具"选项卡下"代码"选项组中的"宏"按钮，弹出"宏"对话框，**选择名称为"宏2"**的宏，接着单击"执行"按钮。

这次，显示在日期1右侧B列中的不再是数字，而是2019年10月第一天为"星期二"中文字"二"。

| ▲ | A | B | C | D | E | F | G | H | I |
|---|---|---|---|---|---|---|---|---|---|
| 1 | 日期 | 星期 | 血压值（高） | 血压值（低） | | 2019 | 10 | | |
| 2 | | 二 | | | | | | | |
| 3 | 2 | | | | | | | | |
| 4 | 3 | | | | | | | | |
| 5 | 4 | | | | | | | | |
| 6 | 5 | | | | | | | | |

　　本节课到这里就结束了。这次完成的宏将会在下节课中继续使用，请妥善保存好相关文件（文件类型为"Excel启用宏的工作簿"，文件名为gogo21.xlsm）。

※如果打算直接进行下节课的学习，为了配合课程内容，请务必先保存上述文件，关闭Excel进
　行重启之后，再开始后面的学习。

扫码看视频

# 第22课
# 制作用颜色区分星期的整月表格

## 包含31天的循环

　　上节课学习了有关星期辨识的基本方法，这节课将使用该方法，在表格所有日期右侧都显示出对应的星期。

　　首先准备好之前制作的Excel启用宏工作簿文件gogo21.xlsm。

1. 确认上次制作好的宏代码。

❶ 打开gogo21.xlsm。如果出现安全警告，单击右侧的"启用内容"按钮。

❷ 单击"开发工具"选项卡下"代码"选项组中的Visual Basic按钮，就能在看到之前制作的宏代码，如下图所示。

```
(通用)

Sub 宏2()
'
' 宏2 宏
'
'
    Range("F1").Select
    a = ActiveCell.Value
    Range("G1").Select
    b = ActiveCell.Value
    Range("A2").Select
    c = ActiveCell.Value
    Range("B2").Select
    If Weekday(a & "年" & b & "月" & c & "日") = 3 Then
        ActiveCell.FormulaR1C1 = "二"
    End If
End Sub
```

　　上节课完成的这段宏代码，能够做到的是显示月初第一天所对应的星期，而这次则要尝试显示出所有日期对应的星期。可以使用的方法有很多，这里选择最常用的一种。

2. 对代码进行相应的处理。

❶ 找到以下3行代码

```
If Weekday(a &"年"& b &"月"& c &"日")= 3 Then
    ActiveCell.FormulaR1C1 = "二"
End If
```

把这3行代码完整地**复制6次**，生成7份相同的IF语句。

❷ 把7份IF语句中的第1行代码

```
If Weekday(a &"年"& b &"月"& c &"日")= 3 Then
```

从上至下依次改为数字1~7。

❸ 把7份IF语句中的第2行代码

```
    ActiveCell.FormulaR1C1 = "二"
```

从上至下依次改为"日"~"六"。

修改完成后的代码如下图所示。

**（通用）**

```
Sub 宏2()
' 宏2 宏
'
    Range("F1").Select
    a = ActiveCell.Value
    Range("G1").Select
    b = ActiveCell.Value
    Range("A2").Select
    c = ActiveCell.Value
    Range("B2").Select
    If Weekday(a & "年" & b & "月" & c & "日") = 1 Then
        ActiveCell.FormulaR1C1 = "日"
    End If
    If Weekday(a & "年" & b & "月" & c & "日") = 2 Then
        ActiveCell.FormulaR1C1 = "一"
    End If
    If Weekday(a & "年" & b & "月" & c & "日") = 3 Then
        ActiveCell.FormulaR1C1 = "二"
    End If
    If Weekday(a & "年" & b & "月" & c & "日") = 4 Then
        ActiveCell.FormulaR1C1 = "三"
    End If
    If Weekday(a & "年" & b & "月" & c & "日") = 5 Then
        ActiveCell.FormulaR1C1 = "四"
    End If
    If Weekday(a & "年" & b & "月" & c & "日") = 6 Then
        ActiveCell.FormulaR1C1 = "五"
    End If
    If Weekday(a & "年" & b & "月" & c & "日") = 7 Then
        ActiveCell.FormulaR1C1 = "六"
    End If
End Sub
```

代码变长之后看起来有些复杂。本来这里应该使用Select语句的，但是本书还没有讲解到这部分内容，因此先使用IF语句。

※已经掌握Select语句的读者可以直接将其改写为Select语句。

3. 执行一下宏试试看。

❶ 先切换回Excel窗口（保持工作表Sheet1为打开状态）。

❷ 在F1单元格中输入2101，在G1单元格中输入1。

| ▲ | A | B | C | D | E | F | G | H |
|---|---|---|---|---|---|---|---|---|
| 1 | 日期 | 星期 | 血压值（高） | 血压值（低） | | 2101 | 1 | |
| 2 | 1 | 二 | | | | | | |

❸ 单击"开发工具"选项卡下"代码"选项组中的"宏"按钮，弹出"宏"对话框后，**选择名称为"宏2"**的宏，接着单击"执行"按钮。

执行之后，能够看出来22世纪具有纪念意义的第一天（2101年1月1日）是星期六。

| ▲ | A | B | C | D | E | F | G | H |
|---|---|---|---|---|---|---|---|---|
| 1 | 日期 | 星期 | 血压值（高） | 血压值（低） | | 2101 | 1 | |
| 2 | 1 | 六 | | | | | | |
| 3 | 2 | | | | | | | |

接下来只需要给这段代码加上循环（For语句）的部分，就可以在其他日期的右侧显示出对应的星期了。

4. 把代码放进For循环中。

❶ 在第一行IF语句

```
If Weekday ( a &"年"& b &"月"& c &"日" ) = 1 Then
```

之上，添加以下代码。

```
For i = 1 To 31
```

❷ 在刚添加的代码

```
For i = 1 To 31
```

下方，再添加以下代码。

```
 c = i
```

❸ 在最后的IF语句

```
End If
```

之下，添加以下1行代码。

```
Next i
```

❹ 在刚刚添加进去的代码

```
Next i
```

之上，再添加以下代码。

```
ActiveCell.Offset(1, 0).Activate
```

完成修改之后的代码如下图所示。虽然额外多出一些操作，但是要依照下图所示给For语句中间的部分加上缩进（使用Tab键），同时选中多行代码后按下Tab键就可以完成调整。

（译者注：即"For i = 1 To 31"与"Next i"之间的代码行。）

**(通用)**

```
Sub 宏2()
'
' 宏2 宏
'
'
    Range("F1").Select
    a = ActiveCell.Value
    Range("G1").Select
    b = ActiveCell.Value
    Range("A2").Select
    c = ActiveCell.Value
    Range("B2").Select
    For i = 1 To 31
        c = i
        If Weekday(a & "年" & b & "月" & c & "日") = 1 Then
            ActiveCell.FormulaR1C1 = "日"
        End If
        If Weekday(a & "年" & b & "月" & c & "日") = 2 Then
            ActiveCell.FormulaR1C1 = "一"
        End If
        If Weekday(a & "年" & b & "月" & c & "日") = 3 Then
            ActiveCell.FormulaR1C1 = "二"
        End If
        If Weekday(a & "年" & b & "月" & c & "日") = 4 Then
            ActiveCell.FormulaR1C1 = "三"
        End If
        If Weekday(a & "年" & b & "月" & c & "日") = 5 Then
            ActiveCell.FormulaR1C1 = "四"
        End If
        If Weekday(a & "年" & b & "月" & c & "日") = 6 Then
            ActiveCell.FormulaR1C1 = "五"
        End If
        If Weekday(a & "年" & b & "月" & c & "日") = 7 Then
            ActiveCell.FormulaR1C1 = "六"
        End If
        ActiveCell.Offset(1, 0).Activate
    Next i
End Sub
```

最后添加的代码ActiveCell.Offset(1, 0).Activate，在前面学习的内容中已经使用过多次，表示"向下移动当前写入单元格"。

5. 再次执行一下宏试试看。

❶ 先切换回Excel窗口（保持工作表Sheet1为打开状态）。

❷ 在F1单元格中输入2019，在G1单元格中输入12。

❸ 单击"开发工具"选项卡下"代码"选项组中的"宏"按钮，弹出

"宏"对话框后，**选择名称为"宏2"的宏**，接着单击"执行"按钮。

执行之后，从12月1日的星期日到12月31日的星期二，2019年12月整个月的星期应该都已经显示出来了。

| | A | B | C | D | E | F | G | H |
|---|---|---|---|---|---|---|---|---|
| 1 | 日期 | 星期 | 血压值（高） | 血压值（低） | | 2019 | 12 | |
| 2 | 1 | 日 | | | | | | |
| 3 | 2 | 一 | | | | | | |
| 4 | 3 | 二 | | | | | | |
| 5 | 4 | 三 | | | | | | |
| 6 | 5 | 四 | | | | | | |
| 7 | 6 | 五 | | 自动显示出2019年12月整个月的星期 | | | | |
| 8 | 7 | 六 | | | | | | |
| 9 | 8 | 日 | | | | | | |
| 10 | 9 | 一 | | | | | | |

本节课到这里就结束了。这次完成的宏将会在下节课中继续使用，请妥善保存好相关文件（文件名为gogo22.xlsm）。

※如果打算直接进行下节课的学习，为了配合课程内容，请务必先保存上述文件，关闭Excel进行重启之后，再开始后面的学习。

扫码看视频

# 第23课
# 制作用颜色区分星期的整月表格

## "小月"及"闰年"的处理方法

前两节课，学习了如何辨识并处理星期，最终显示出一个月31天所有日期对应的星期。但并不是所有的月份都是31天，也有的月份只有30天，并且2月还存在28天及29天两种情况。本节课将学习处理"平年"和"闰年"的方法。

需要准备之前制作好的Excel启用宏工作簿文件gogo22.xlsm。

1. 先试着执行一下宏看看结果。

❶ 打开gogo22.xlsm中的工作表Sheet1。如果出现安全警告，单击右侧的"启用内容"按钮。

❷ 先把星期列（B列）中的所有数据（B2:B32单元格区域）全部删除。

❸ 接着，在G1单元格中输入表示11月的数字11。

❹ 完成输入并按下Enter键之后，开始执行宏。
　　在"开发工具"选项卡下的"代码"选项组中，单击"宏"按钮，弹出"宏"对话框后，**选择名称为"宏2"**的宏，接着单击"执行"按钮。

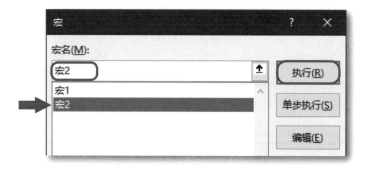

执行之后，弹出写着"运行时错误'13'：类型不匹配"的错误提示对话框，单击"结束"按钮，如下图所示。

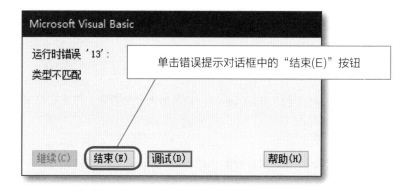

思考一下这里会出现错误提示的原因。

因为11月没有31日，所以非要问"11月31日是星期几"，就会产生错误。

2. 在代码中加入能够回避这个错误的方法。

❶ 首先打开宏代码的窗口。单击"开发工具"选项卡下"代码"选项组中的Visual Basic按钮。

❷ 在处理步骤中的第一行代码Range("F1").Select之上，添加以下代码。

On Error Resume Next

完成添加之后的代码如下图所示。

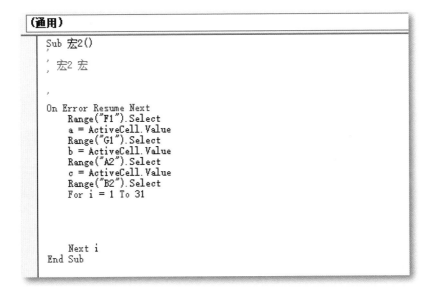

```
(通用)
Sub 宏2()
'
' 宏2 宏
'
'
On Error Resume Next
    Range("F1").Select
    a = ActiveCell.Value
    Range("G1").Select
    b = ActiveCell.Value
    Range("A2").Select
    c = ActiveCell.Value
    Range("B2").Select
    For i = 1 To 31



    Next i
End Sub
```

此处添加的代码为On Error Resume Next，其含义稍后再详细说明，这里就先把它当作是一种"能够规避错误的咒语"吧。

另外，On Error Resume Next属于拥有特殊含义的代码行（对笔者而言），因此没有在这行代码的开头添加任何缩进。

3. 执行一下宏试试看。

❶ 切换回Excel窗口（保持工作表Sheet1为打开状态）。

❷ 与之前相同，先把B列中显示的星期数据（B2:B32单元格区域）全部删除。

❸ 单击"开发工具"选项卡下"代码"选项组中的"宏"按钮，弹出"宏"对话框后，**选择名称为"宏2"的宏**，接着单击"执行"按钮。

这次没有再出现上次的错误提示。但再仔细看一下，11月31日也显示成了星期六。好不容易才避免了错误提示，这下子又出现了新错误。

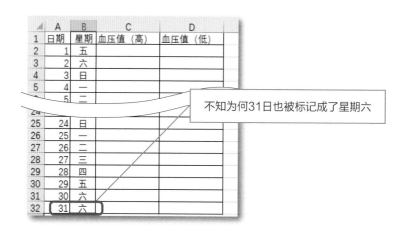

不知为何31日也被标记成了星期六

4. 还需要额外添加一行代码。

**①** 在代码中第一处IF语句

　　If Weekday（a &"年"& b &"月"& c &"日"）= 1 Then

　　的下方，添加以下代码。

　　If Err.Number <> 0 Then Exit For

　　完成修改之后的代码如下图所示。

**(通用)**

```
Sub 宏2()
'
' 宏2 宏
'
'
On Error Resume Next
    Range("F1").Select
    a = ActiveCell.Value
    Range("G1").Select
    b = ActiveCell.Value
    Range("A2").Select
    c = ActiveCell.Value
    Range("B2").Select
    For i = 1 To 31
        c = i
        If Weekday(a & "年" & b & "月" & c & "日") = 1 Then
            If Err.Number <> 0 Then Exit For           新添加的1行
            ActiveCell.FormulaR1C1 = "日"
        End If
        If Weekday(a & "年" & b & "月" & c & "日") = 2 Then
            ActiveCell.FormulaR1C1 = "一"
        End If
        If Weekday(a & "年" & b & "月" & c & "日") = 3 Then
            ActiveCell.FormulaR1C1 = "二"
        End If
        If Weekday(a & "年" & b & "月" & c & "日") = 4 Then
            ActiveCell.FormulaR1C1 = "三"
        End If
        If Weekday(a & "年" & b & "月" & c & "日") = 5 Then
            ActiveCell.FormulaR1C1 = "四"
        End If
        If Weekday(a & "年" & b & "月" & c & "日") = 6 Then
            ActiveCell.FormulaR1C1 = "五"
        End If
        If Weekday(a & "年" & b & "月" & c & "日") = 7 Then
            ActiveCell.FormulaR1C1 = "六"
        End If
        ActiveCell.Offset(1, 0).Activate
    Next i
End Sub
```

这里对新添加的代码If Err.Number<> 0 Then Exit For进行说明。Err.Number与字面意思相同，表示的是"错误编号"，如果没有发生错误，Err.Number就一定返回0。换言之，把"0说明没有错误"的情况反过来，代表着"不是0那就一定出错了"的意思。

因此，通常来说会使用<>（不等号）来表达"0之外均为错误"的含义，以此判断是否发生了错误。

此外，Exit For在之前的章节中已经出现过，是循环结构中可用于表示"到这里就结束循环"的指令语句。在这之后就会从循环中跳出来（跳转到Next i之后），代表循环处理的终结。

还有一点，该行代码使用了IF语句的简写式，改为完整的书写格式，如下所示。

```
If Err.Number <> 0 Then Exit For
              ↓
If Err.Number <> 0 Then
    Exit For
End If
```

※两者表示的含义完全相同。

5. 再来执行一下试试看。

❶ 切换回Excel窗口（保持工作表Sheet1为打开状态）。

❷ 与之前相同，先把B列中显示的星期数据（B2:B32单元格区域）全部删除。

❸ 单击"开发工具"选项卡下"代码"选项组中的"宏"按钮，弹出

"宏"对话框后，**选择名称为"宏2"的宏**，接着单击"执行"按钮。

这次执行之后如果没有再把31日错误地标记为星期六，就说明结果是正确的。

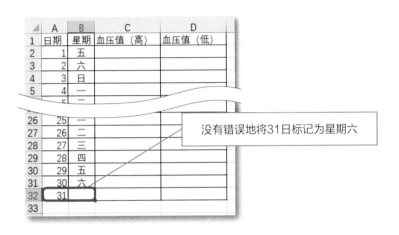

没有错误地将31日标记为星期六

6. 换一种情况再试试。

❶ 与之前相同，先把B列中显示的星期数据（B2:B32单元格区域）全部删除。

❷ 接着在F1单元格中输入2020，并在G1单元格中输入表示2月份的数字2。

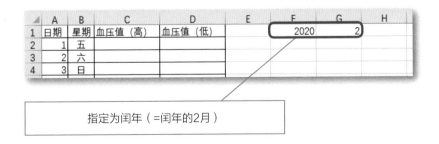

指定为闰年（=闰年的2月）

❸ 输入完成并按下Enter键之后，单击"开发工具"选项卡下"代码"选项组中的"宏"按钮，弹出"宏"对话框后，**选择名称为"宏2"的宏**，接着单击"执行"按钮。

执行之后如果只显示29日及之前的对应星期，就说明结果是正确的。

| | A | B | C | D | E | F | G | H |
|---|---|---|---|---|---|---|---|---|
| 1 | 日期 | 星期 | 血压值（高） | 血压值（低） | | 2020 | 2 | |
| 2 | 1 | 六 | | | | | | |
| 3 | 2 | 日 | | | | | | |
| 4 | 3 | 一 | | | | | | |
| 5 | 4 | 二 | | | | | | |
| 6 | 5 | 三 | | | | | | |
| 7 | 6 | 四 | | | | | | |
| 8 | 7 | 五 | | | | | | |
| 9 | 8 | 六 | | | | | | |
| | 9 | 日 | | | | | | |
| 25 | 24 | 一 | | | | | | |
| 26 | 25 | 二 | | | | | | |
| 27 | 26 | 三 | | | | | | |
| 28 | 27 | 四 | | | | | | |
| 29 | 28 | 五 | | | | | | |
| 30 | 29 | 六 | | | | | | |
| 31 | 30 | | | | | | | |
| 32 | 31 | | | | | | | |

可以确认到闰年也能很好地进行处理

至此，已经确认代码能够在不出错的情况下，正确显示出所有月份中整月日期所对应的星期（无论是大月、小月还是闰年的2月29日）。

这里还要对前文中提到的"咒语"On Error Resume Next进行说明。该行表示：之后再出现错误时，将不会停下来（无视错误）而是继续执行后续内容。最开始加入此行指令，会使所有代码在执行时都不再提示任何错误信息。

另外，最后添加的代码If Err.Number<> 0 Then Exit For，只需要在最初的IF语句中添加，仅在1处插入（最后的IF语句中不需要）就足够了。因为出现错误的日期时，必然会执行最早的IF语句然后跳出循环。

本节课到这里就结束了。这次完成的宏将在下节课中继续使用，请妥善保存好相关文件（文件类型为"Excel启用宏的工作簿"，文件名为gogo23.xlsm）。

※如果打算直接进行下节课的学习，为了配合课程内容，请务必先保存上述文件，关闭Excel进行重启之后，再开始后面的学习。

# 第24课
# 制作用颜色区分星期的整月表格

扫码看视频

## 给星期添加颜色

本节课开始学习"给星期添加颜色的方法"。准备好之前制作的Excel启用宏工作簿文件gogo23.xlsm。

1. 制作一份简单的宏代码。

❶ 打开gogo23.xlsm中的工作表Sheet1。如果出现安全警告，单击右侧的"启用内容"按钮。

❷ 开始录制宏，在"开发工具"选项卡下的"代码"选项组中，单击"录制宏"按钮，弹出"录制宏"对话框之后，直接单击"确定"按钮。

❸ 在用于显示星期的B列中，随便选择1项数据为星期六的单元格，然后使用Excel通常的做法，将"六"的字体颜色改为蓝色。

在"开始"选项卡下的"字体"选项组中，单击"字体颜色"下拉按钮，在列表中选择"标准色"下从右数第3项的"蓝色"■，如下图所示。

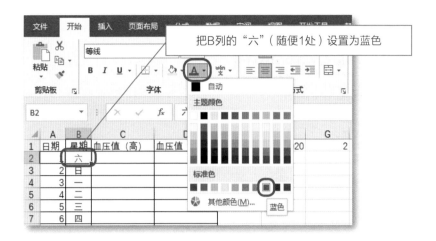

把B列的"六"（随便1处）设置为蓝色

❹ 同样把下面星期日的"日"改为红色。在"开始"选项卡下的"字体"
选项组中，单击"字体颜色"下拉按钮，选择"标准色"下从左数第2项的
"红色" ■。

❺ 最后在"开发工具"选项卡下的"代码"选项组中，单击"停止录制"
按钮终止宏的录制。

2. 看看录制的宏代码。

❶ 先打开宏代码的窗口，单击"开发工具"选项卡下"代码"选项组中的
Visual Basic按钮。

❷ 在窗口左侧的"模块"列表中，**双击"模块3"**，将其打开。

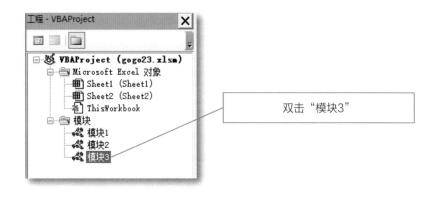

双击"模块3"

```
(通用)

Sub 宏3()
'
' 宏3 宏
'
'
    Range("B2").Select
    With Selection.Font
        .Color = -4165632
        .TintAndShade = 0
    End With
    Range("B3").Select
    With Selection.Font
        .Color = -16776961
        .TintAndShade = 0
    End With
End Sub
```

　　通过刚刚进行的"录制宏"操作，掌握了该如何为文字添加颜色的方法，即使用.Color = -4165632这行代码。代码中的数字代表颜色的识别编号，可以看出来，星期六的蓝色对应的编号为-4165632，而下面的-16776961则代表星期日的红色。

※上述代码中的数字（B2中的2或是-4165632等）部分，即使与录制获得的代码有所出入也没有关系，请不用在意，继续往后阅读。

　　利用这个方法可以制作会自动改变星期颜色的代码。

3. 继续对上次录制的代码进行修改。

❶ 在窗口左侧"模块"列表中，**双击"模块2"**，打开上节课中制作的宏2。

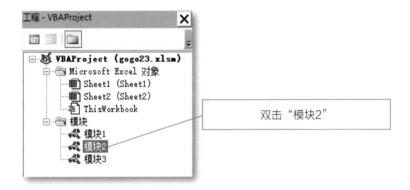

双击"模块2"

❷ 在倒数第5行代码"ActiveCell.FormulaR1C1 = "六""下方，添加以下代码。

```
With Selection.Font
    .Color = -4165632
    .TintAndShade = 0
End With
```

为了节约时间、防止输入错误，可以从刚才的宏3中将这4行代码复制过来。

❸ 在代码行"ActiveCell.FormulaR1C1 = "日""下方添加以下代码。

```
With Selection.Font
    .Color = -16776961
    .TintAndShade = 0
End With
```

可以像步骤❷那样使用复制的方法。

完成添加之后的代码如下图所示。

```
Sub 宏2()
'
' 宏2 宏
'
'
On Error Resume Next
    Range("F1").Select
    a = ActiveCell.Value
    Range("G1").Select
    b = ActiveCell.Value
    Range("A2").Select
    c = ActiveCell.Value
    Range("B2").Select
    For i = 1 To 31
        c = i
        If Weekday(a & "年" & b & "月" & c & "日") = 1 Then
            If Err.Number <> 0 Then Exit For
            ActiveCell.FormulaR1C1 = "日"
            With Selection.Font
                .Color = -16776961
                .TintAndShade = 0
            End With
        End If
        If Weekday(a & "年" & b & "月" & c & "日") = 2 Then
            ActiveCell.FormulaR1C1 = "一"
        End If



        If Weekday(a & "年" & b & "月" & c & "日") = 6 Then
            ActiveCell.FormulaR1C1 = "五"
        End If
        If Weekday(a & "年" & b & "月" & c & "日") = 7 Then
            ActiveCell.FormulaR1C1 = "六"
            With Selection.Font
                .Color = -4165632
                .TintAndShade = 0
            End With
        End If
        ActiveCell.Offset(1, 0).Activate
    Next i
End Sub
```

    此处添加的代码行，如字面意思那样，使用的是先前通过"录制宏"获得"修改字体颜色的方法"。


4. 执行一下宏试试看。


❶ 切换回Excel窗口，创建1张新的工作表Sheet3，在该空白工作表内**选中A1单元格**。

※如果选择了A1单元格以外的位置，执行下面的步骤❷之后，表格的位置就会出现偏差，还请多
  加小心。

❷ 要绘制整个基础表格，请依照以下操作执行"宏1"。单击"开发工具"选项卡下"代码"选项组中的"宏"按钮，弹出"宏"对话框之后，**直接（宏1为选中状态）单击"执行"按钮。**

❸ 在F1单元格中输入2019。

❹ 在G1单元格中输入12。

❺ 完成输入并按下Enter键之后，依照以下步骤执行"宏2"。单击"开发工具"选项卡下"代码"选项组中的"宏"按钮，弹出"宏"对话框后，这次**选择名称为"宏2"的宏，**单击"执行"按钮。

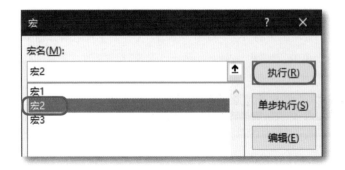

执行之后，如果显示的整月（2019年12月）日期中，星期六和星期日的字体颜色进行了调整，就说明结果是正确的。

星期六（六）和星期日（日）的文字颜色分别为蓝色和红色

本节课到这里就结束了。这次完成的宏将会在下节课中继续使用，请妥善保存好相关文件（文件类型为"Excel启用宏的工作簿"，文件名为gogo24.xlsm）。

※如果打算直接进行下节课的学习，为了配合课程内容，请务必先保存上述文件，关闭Excel进行重启之后，再开始后面的学习。

# 第25课
# 制作用颜色区分星期的整月表格

## 给星期日添加背景色

上节课中，已经完成了表格中根据星期添加不同颜色的部分，本节课将会进一步学习如何创建添加"背景色"的代码。

准备好上次制作好的Excel启用宏工作簿文件gogo24.xlsm。


1. 制作一段简单的宏代码。

❶ 打开gogo24.xlsm（如果出现安全警告，单击右侧的"启用内容"按钮），切换到之前课程中制作好的工作表Sheet3。

❷ 开始宏的录制。单击"开发工具"选项卡下"代码"选项组中的"录制宏"按钮，弹出"录制宏"对话框之后，直接单击"确定"按钮。

❸ 接下来，使用Excel中常用的方法，将当前选中单元格的背景色设为橙色。可以通过在"开始"选项卡下的"字体"选项组中，单击"填充颜色"下拉按钮，选择"标准色"下从左数第3项的橙色■。

※此处无须在意是为哪个单元格添加背景色，请多加注意不要将单元格选择的操作录制到宏中（不要在过程中选择单元格）。

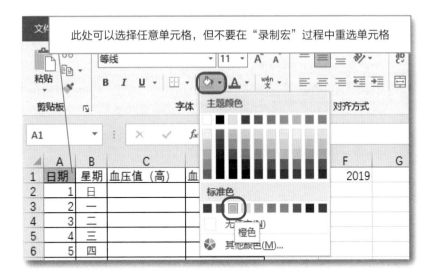

此处可以选择任意单元格，但不要在"录制宏"过程中重选单元格

❹ 终止宏的录制。在"开发工具"选项卡下的"代码"选项组中，单击"停止录制"按钮。

2. 看一下刚刚制作的宏代码。

❶ 打开宏代码的窗口。单击"开发工具"选项卡下"代码"选项组中的Visual Basic按钮。

❷ 在窗口左侧的"模块"列表中，**双击"模块4"**选项，将其打开。

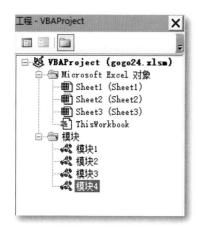

```
(通用)

Sub 宏4()
'
' 宏4 宏
'

    With Selection.Interior
        .Pattern = xlSolid
        .PatternColorIndex = xlAutomatic
        .Color = 49407
        .TintAndShade = 0
        .PatternTintAndShade = 0
    End With
End Sub
```

这里看到的"Sub 宏4()"是"给选择的单元格添加橙色背景色"的代码。

※上述代码会根据选择的颜色不同或是Excel版本差异而有所不同（存在大部分均不相同的可能性），但是不需要在意这些细节，不会产生什么问题。需要注意的是，该背景色宏的名称为"宏4"。

3. 对原本的代码稍微进行修改。

❶ 在窗口左侧的"模块"列表中双击"模块2"选项，打开上节课制作的代码"宏2"。

❷ 在以下代码

```
With Selection.Font
    .Color = -16776961
    .TintAndShade = 0
End With
```

下方，添加以下1行Call语句，用于调用刚刚制作的宏4。

```
Call 宏4
```

添加完成之后的代码如下图所示。

**(通用)**

```
Sub 宏2()
' 宏2 宏
'
'
On Error Resume Next
    Range("F1").Select
    a = ActiveCell.Value
    Range("G1").Select
    b = ActiveCell.Value
    Range("A2").Select
    c = ActiveCell.Value
    Range("B2").Select
    For i = 1 To 31
        c = i
        If Weekday(a & "年" & b & "月" & c & "日") = 1 Then
            If Err.Number <> 0 Then Exit For
            ActiveCell.FormulaR1C1 = "日"
            With Selection.Font
                .Color = -16776961
                .TintAndShade = 0
            End With
            Call 宏4
        End If
```

这里使用的Call语句在前面已经介绍过多次了，表示"调用并执行名为宏4的宏代码处理流程（给当前选中单元格添加橙色背景色）"。

4. 执行一下宏试试看。

❶ 切换回Excel窗口，创建新的工作表Sheet4，请保持新建空白工作表为打开状态。

❷ 执行"宏1"来绘制整个基础表格。在执行之前，一定要确保当前选中的是A1单元格。

　　单击"开发工具"选项卡下"代码"选项组中的"宏"按钮，弹出"宏"对话框后，直接（宏1为选中状态）单击"执行"按钮。

❸ 为了显示出2019年12月的数据，在F1单元格中输入2019，在G1单元格中输入12。

❹ 完成输入并按下Enter键之后开始执行"宏2"。

　　单击"开发工具"选项卡下"代码"选项组中的"宏"按钮，弹出"宏"对话框之后，**选择名称为"宏2"的宏**，单击"执行"按钮。

　　执行之后，如果显示出的2019年12月数据中，B列仅有星期日的单元格带有背景色，就说明结果是正确的。

每个星期日所在的单元格均添加了橙色背景色

因为篇幅问题，之后还有一些较为复杂的内容，留至下节课解决。

本节课到这里就结束了。本课完成的宏将会在下节课中继续使用，请妥善保管好相关文件（文件类型为"Excel启用宏的工作簿"，文件名为gogo25.xlsm）。

※如果打算直接进行下节课的学习，为了配合课程内容，请务必先保存上述文件，关闭Excel进行重启之后，再开始后面的学习。

# 第26课
# 制作用颜色区分星期的整月表格

## 给星期日整行添加背景色

　　经过这么多节课的学习，本次的主题也进入了尾声。本节课将会讨论剩下的课题，对"所有的星期日行均添加背景色"这部分内容进行一些修正。

　　请准备好上节课中制作好的Excel启用宏工作簿文件gogo25.xlsm。


1. 确认之前制作的宏代码。

❶ 打开gogo25.xlsm。如果出现安全警告，单击右侧的"启用内容"按钮。

❷ 打开作为主体的代码。单击"开发工具"选项卡下"代码"选项组中的Visual Basic按钮，然后双击窗口左侧"模块"下拉列表中的"模块2"，打开上节课中制作的"宏2"。

```
Sub 宏2()
'
' 宏2 宏
'
'
On Error Resume Next
    Range("F1").Select
    a = ActiveCell.Value
    Range("G1").Select
    b = ActiveCell.Value
    Range("A2").Select
    c = ActiveCell.Value
    Range("B2").Select
    For i = 1 To 31
        c = i
        If Weekday(a & "年" & b & "月" & c & "日") = 1 Then
            If Err.Number <> 0 Then Exit For
            ActiveCell.FormulaR1C1 = "日"
            With Selection.Font
                .Color = -16776961
                .TintAndShade = 0
            End With
            Call 宏4
        End If
        If Weekday(a & "年" & b & "月" & c & "日") = 2 Then
            ActiveCell.FormulaR1C1 = "一"
        End If
        If Weekday(a & "年" & b & "月" & c & "日") = 3 Then
            ActiveCell.FormulaR1C1 = "二"
        End If
        If Weekday(a & "年" & b & "月" & c & "日") = 4 Then
            ActiveCell.FormulaR1C1 = "三"
        End If
        If Weekday(a & "年" & b & "月" & c & "日") = 5 Then
            ActiveCell.FormulaR1C1 = "四"
        End If
        If Weekday(a & "年" & b & "月" & c & "日") = 6 Then
            ActiveCell.FormulaR1C1 = "五"
        End If
        If Weekday(a & "年" & b & "月" & c & "日") = 7 Then
            ActiveCell.FormulaR1C1 = "六"
            With Selection.Font
                .Color = -4165632
                .TintAndShade = 0
            End With
        End If
        ActiveCell.Offset(1, 0).Activate
    Next i
End Sub
```

之前的代码中，只会给星期日所在的单元格添加橙色背景色，这次则调整星期日所处行全部的表格背景色。

2. 对代码进行修改。

❶ 在代码首行IF语句的上方，添加以下1行代码。

```
Range ("B" & CStr ( i + 1 ) ).Select
```

❷接着在之前添加的"Call 宏4"上方，添加以下代码。

```
Range("A"& CStr(i+1)&":D"& CStr(i + 1)).Select
```

❸最后，请将倒数第3行代码删掉。

```
ActiveCell.Offset(1, 0).Activate
```

完成修改之后的代码如下图所示。

```
(通用)
Sub 宏2()


    Range("B2").Select
    For i = 1 To 31
        c = i
        Range("B" & CStr(i + 1)).Select
        If Weekday(a & "年" & b & "月" & c & "日") = 1 Then
            If Err.Number <> 0 Then Exit For
            ActiveCell.FormulaR1C1 = "日"
            With Selection.Font
                .Color = -16776961
                .TintAndShade = 0
            End With
            Range("A" & CStr(i + 1) & ":D" & CStr(i + 1)).Select
            Call 宏4
        End If

        If Weekday(a & "年" & b & "月" & c & "日") = 7 Then
            ActiveCell.FormulaR1C1 = "六"
            With Selection.Font
                .Color = -4165632
                .TintAndShade = 0
            End With
        End If
    Next i
End Sub
```

新添加的两行代码，都是用来指定当前待写入单元格的。

步骤❶中的 Range("B"& CStr(i+1)).Select，指定了后续处理中用于写入星期数据的单元格位置。因为中间使用了会随着循环而改变的变量i，所以写入的位置也将随着循环一起改变。

步骤❷中的Range("A"& CStr(i+1)&":D"& CStr(i+1)).Select，选中的是星期日所处行A列到D列之间的区域，设置了下面"Call 宏4"进行背景色添加时的单元格位置。

删除步骤❸中的 ActiveCell.Offset（1，0）.Activate，在之前的代码中，这行代码是为了让当前写入单元格能够在循环里向下逐个进行而添加的，而本课已经通过新添加的代码指定了当前写入单元格的位置，因此这行无用的代码需要被删除。


3. 执行一下宏试试看。

❶ 切换回Excel窗口，单击"新工作表"按钮，创建一张新的空白工作表Sheet5。

❷ 绘制整个基础表格，请依照以下操作执行"宏1"。单击"开发工具"选项卡下"代码"选项组中的"宏"按钮，弹出"宏"对话框之后，直接（宏1为选中状态）单击"执行"按钮。

❸ 在F1单元格中输入2020（表示2020年）。

❹ 在G1单元格中输入1（表示1月份）。

❺ 完成输入并按下Enter键之后，依照以下步骤执行作为主要处理流程的"宏2"。单击"开发工具"选项卡下"代码"选项组中的"宏"按钮，弹出"宏"对话框后，**选择名称为"宏2"**的宏单击"执行"按钮。

执行之后，请仔细确认结果是否有准确依照本次的主题（即如下所示功能的宏）自动生成出指定年月（2020年1月）符合规格的血压表。

| 日期 | 星期 | 血压值（高） | 血压值（低） |
|------|------|-------------|-------------|
| 1 | 三 | | |
| 2 | 四 | | |
| 3 | 五 | | |
| 4 | 六 | ←蓝色 | |
| 5 | 日 | ←红色 | ←星期日这行有橙色背景色 |
| 6 | 一 | | |
| ・ | ・ | | |
| ・ | ・ | | |

日期会标注上星期，周六和周日会用不同颜色来区分，另外周日那一行还要添加橙色的背景色。

在只输入年份与月份的情况下，请问应该怎样制作出满足这3点要求的表格？

如果时间充足，可以试着创建新的工作表，无论是下月、下下月……只要输入了年份和月份，就可以自动生成任何时间点的整月表格。请试着输入各种月份，看看结果是否能显示出正确的星期。

利用绘制整月表格中基础框架部分的宏1，可以很轻松地制作出勤表等，试着使用自己正在使用的类似表格与之替换。

另外，本章把绘制表格框架的宏1，以及包含其他主要处理流程的宏2（为了方便使用其他模板替代），分开成两部分单独执行。想要把这两者组合起来，制作1次就可以执行所有内容的宏应该并不困难，请有想法的读者积极挑战一下。

提示 　　将"宏1"和"宏2"组合起来执行，操作顺序就应该要改为"创建新的工作表、在F1和G1单元格中分别输入年份和月份、最后执行宏"。

　　本节课到这里就结束了。虽然这次制作的宏，在后面的课程中并不会继续使用，但无论是用于复习还是作为参考，最好使用容易理解的名称作为自己的作品进行妥善保存。

扫码看视频

# 第27课
# 制作用颜色区分星期的整月表格（补充）

## 样式调整&分支Select语句&20日截止等情形

　　本节课将对本章之前完成的"通过宏来制作用颜色区分星期的整月表格"进行一些补充说明，不需要特意练习。

1. 调整表格样式。

　　上一节课中，表格的列宽（如果没有特意调整过）均为默认值，同样可以利用宏轻松地进行调整。

| | A | B | C | D |
|---|---|---|---|---|
| 1 | 日期 | 星期 | 血压值（高血压值（低） |
| 2 | 1 | 一 | | |
| 3 | 2 | 二 | | |
| 4 | 3 | 三 | | |
| 5 | 4 | 四 | | |

| | A | B | C | D |
|---|---|---|---|---|
| 1 | 日期 | 星期 | 血压值（高） | 血压值（低） |
| 2 | 1 | 一 | | |
| 3 | 2 | 二 | | |
| 4 | 3 | 三 | | |
| 5 | 4 | 四 | | |

　　比如想要自动调节A~D列的宽度，只需在宏1的木尾添加以下这行代码。

```
Columns("A:D").EntireColumn.AutoFit
```

　　此代码也可以通过"录制宏"功能记录调整列宽的操作轻松获取，然后可以选择把代码复制粘贴到宏1中，或者直接使用Call语句调用录制好的宏。利用这种方法（即使看不懂代码也没事），其他各种样式调整（比如星期所在列设置居中）也都能很轻松地（通过宏）自动完成。请多使用之前的宏代码进行各种尝试。

2. IF语句之外的分支结构格式。

从之前课程完成的宏中，仅截取IF语句的部分则会得到以下代码。

```
If Weekday(a & "年" & b & "月" & c & "日") = 1 Then
    If Err.Number <> 0 Then Exit For
    ActiveCell.FormulaR1C1 = "日"
    With Selection.Font
        .Color = -16776961
        .TintAndShade = 0
    End With
    Range("A" & CStr(i + 1) & ":D" & CStr(i + 1)).Select
    Call 宏4
End If
If Weekday(a & "年" & b & "月" & c & "日") = 2 Then
    ActiveCell.FormulaR1C1 = "一"
End If
If Weekday(a & "年" & b & "月" & c & "日") = 3 Then
    ActiveCell.FormulaR1C1 = "二"
End If
If Weekday(a & "年" & b & "月" & c & "日") = 4 Then
    ActiveCell.FormulaR1C1 = "三"
End If
If Weekday(a & "年" & b & "月" & c & "日") = 5 Then
    ActiveCell.FormulaR1C1 = "四"
End If
If Weekday(a & "年" & b & "月" & c & "日") = 6 Then
    ActiveCell.FormulaR1C1 = "五"
End If
If Weekday(a & "年" & b & "月" & c & "日") = 7 Then
    ActiveCell.FormulaR1C1 = "六"
    With Selection.Font
        .Color = -4165632
        .TintAndShade = 0
    End With
End If
```

应该可以看出来，此代码就是单纯地按照星期的数量排列了7组IF语句而已。但是实际上，包含笔者在内的程序员都绝对不会这样使用IF语句，通常会使用Select语句，最差也会使用ElseIf语句。只不过本书之前都没有介绍过Select语句，所以才会把IF语句简单地罗列起来。

现在就来介绍一下使用Select语句修改之后的代码。话不多说，直接看下图的代码。

```
Select Case Weekday(a & "年" & b & "月" & c & "日")
    Case 1
        If Err.Number <> 0 Then Exit For
        ActiveCell.FormulaR1C1 = "日"
        With Selection.Font
            .Color = -16776961
            .TintAndShade = 0
        End With
        Range("A" & CStr(i + 1) & ":D" & CStr(i + 1)).Select
        Call 宏4
    Case 2
        ActiveCell.FormulaR1C1 = "一"
    Case 3
        ActiveCell.FormulaR1C1 = "二"
    Case 4
        ActiveCell.FormulaR1C1 = "三"
    Case 5
        ActiveCell.FormulaR1C1 = "四"
    Case 6
        ActiveCell.FormulaR1C1 = "五"
    Case 7
        ActiveCell.FormulaR1C1 = "六"
        With Selection.Font
            .Color = -4165632
            .TintAndShade = 0
        End With
End Select
```

现在看起来是不是变得清爽多了。其实只用IF语句来制作宏代码也是足够的，没必要特意去修改已经完成的代码。这里只需要记住，分支结构中也包含IF语句以外的类型就可以了。

3. 截止日为20日的整月表格。

最后还有一点需要考虑，有的时候表格中的截止日并不一定是每月最后一天。这个问题会稍微有些棘手，下面大致整理出以下要点。

同一张表格中，必须要考虑以下几点内容。
· 到了1日就会进入新的月份。
· 如果起始月份为12月，下个月就并非13月而是1月，并且年份也需要增加。
· 需要考虑把循环分成两个部分（比如20日截止时，分成21~31和1~20），或者单独设置存放日期的变量。

来看一个具体的例子。

【20日截止的表格示例】

| | A | B | C | D | E | F | G | H |
|---|---|---|---|---|---|---|---|---|
| 1 | 日期 | 星期 | 血压值（高） | 血压值（低） | | 2020 | 2 | |
| 2 | 21 | 二 | | | | | | |
| 3 | 22 | 三 | | | | | | |
| 4 | 23 | 四 | | | | | | |
| 5 | 24 | 五 | | | | | | |
| 6 | 25 | 六 | | | | | | |
| 7 | 26 | 日 | | | | | | |
| 8 | 27 | 一 | 这里将会跨月，需要在中途调整日期的数值 | | | | | |
| 9 | 28 | 二 | | | | | | |
| 10 | 29 | 三 | | | | | | |
| 11 | 30 | 四 | | | | | | |
| 12 | 31 | 五 | | | | | | |
| 13 | 1 | 六 | | | | | | |
| 14 | 2 | 日 | | | | | | |
| 15 | 3 | 一 | | | | | | |

毫无疑问，比起本章中完成的宏代码，这项课题将更加复杂且困难，对自己有信心的读者，请参考之前制作的宏代码以及上文中的提示（做好难度会非常高的心理准备之后），试着挑战一下生成非月末截止表格的宏吧。

第6章

# 通过宏复制工作表并
# 自动保存为文件

◆**本章将通过宏实现的功能（来自一位 Excel 用户的需求）**

　　每个月都一定会用Excel制作"顾客近况清单"报告。每位顾客的近况都汇总在同一个Excel文件的各个工作表中，然后据此制作每位顾客各月的Excel文件。现在手动完成以下操作。

　　①选择顾客A的工作表。
　　②把它复制到新的Excel表格中。
　　③使用文件名"顾客A+当天日期"进行保存。
　　④对顾客B以及其他顾客也进行同样的操作（大约有30位）。

　　希望能通过Excel宏来完成这些处理，有没有什么好的建议呢？每个月都要靠自己手动完成全部操作，感觉手都要得腱鞘炎了。

【效果预览】

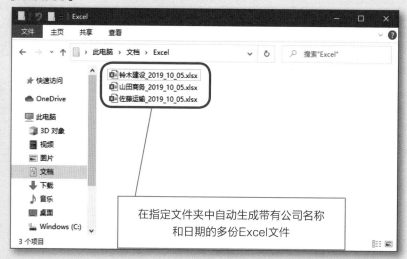

在指定文件夹中自动生成带有公司名称
和日期的多份Excel文件

# 第28课
# 重命名复制的工作表并保存

扫码看视频

## 保存文件的方法

　　本章将学习如何通过宏对工作表和文件进行操作。在使用Excel的过程中，应该有不少人都是依靠纯手动操作来完成相关处理，如果能通过宏达到作业自动化，就可以让工作变得更轻松了。

1. 要制作用于复制的原始表格。

❶ 启动Excel，创建新的空白工作簿。

※如果工作簿中仅有一张工作表，先添加两张新工作表后（Sheet2和Sheet3），再继续进行本
　课之后的学习。

事先准备好3张工作表

❷ 在工作表Sheet1的A1单元格中输入数字111。

❸ 将工作表Sheet1的名称更改为"山田商务"。更改工作表名称时，可以在工作表标签上右击，选择"重命名（R）"命令，或者直接双击工作表标签进行修改，使用自己习惯的方法即可。

❹ 同样，选中Sheet2的A1单元格，输入数字222，并将工作表命名为"铃木建设"。

❺ 最后，在Sheet3的A1单元格中输入333，更改工作表名称为"佐藤运输"。

2. 使用"录制宏"功能制作一份简单的宏代码。

❶ 先**打开最开始的"山田商务"**工作表，再继续下面的步骤。单击"开发工具"选项卡下"代码"选项组中的"录制宏"按钮，弹出"录制宏"对话框之后，直接单击"确定"按钮。

❷ 接着按照以下步骤将其复制到新工作簿中。在"山田商务"工作表标签上右击，选择"移动或复制（M）…"命令，在"移动或复制工作表"对话框的"工作簿（T）"下拉列表中选择"（新工作表）"选项，**勾选下方的"建立副本（C）"复选框**之后，单击"确定"按钮。

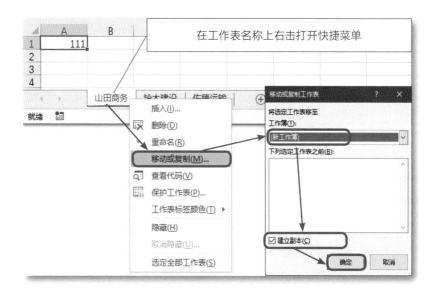

❸ 在上一步的操作中新建工作簿**Book2**，请选择一个合适的位置与名称进行**保存**。具体操作如下。

　　单击"文件"标签，选择"另存为"选项，在"另存为"对话框中，确认"保存类型（**T**）："为"Excel工作簿（\*.xlsx）"，在"文件名（**N**）："文本框中输入"山田商务"之后，单击"保存"按钮。

※此处并不需要保存Excel文件中包含的宏（仅有数据即可），因此文件类型选择.xlsx。

❹ 关闭该工作簿。单击"文件"标签，选择"关闭"选项（或者直接单击窗口右上角的关闭按钮）。

❺ 单击"开发工具"选项卡下"代码"选项组中的"停止录制"按钮结束宏的录制。

　　虽然前面介绍的步骤有些多，但基本上都是大家平时常使用的Excel操作。到这里为止进行的操作，都还只是单纯地利用"录制宏"功能制作相关的宏代码而已。


3. 看看刚刚生成的宏代码。

❶ 单击"开发工具"选项卡下"代码"选项组中的Visual Basic按钮，打开已经见过多次的宏代码窗口。

❷ 与之前相同，双击窗口左侧"模块"列表中的"模块1"选项，双击"模块1"将其打开。

※如果这里没有显示出"模块1"，请在上方找到3个排列在一起的按钮，单击最右边的"切换文件夹"按钮，即可看到模块1。

　　虽然看起来好像很复杂，但实际上就代码来说，只是包含有"复制、保存文件、关闭"这短短3行内容。

※第一行代码"Sheets("山田商务").Select"以及下面的代码"ChDir……"没有也不会产生什么影响（只是以防万一）。之后会将其删除，所以请无视这两行代码。

　　在VBA中代码行末尾带有_（半角空格+下划线）的时候，表示下一行代码是该行的后续内容，以此处的代码为例，从代码"ActiveWork-book.SaveAs Filename:="开始，一直到"CreateBackup:=-

False"为止，全都作为1行代码来看待（如果全都显示在一行中，代码就会变得难以阅读，因此"录制宏"功能很贴心地将其分成了数行）。

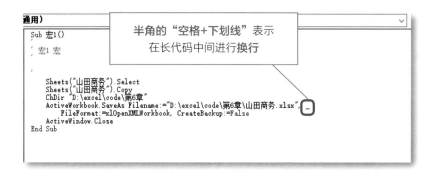

这段稍微有些长的代码中，只有从最前面的"ActiveWorkbook. SaveAs"到"山田商务.xlsx""这部分内容才是最需要的。

另外，"D:\excel\code\第6章"是保存复制文件时使用的文件夹路径。这部分内容会因为Windows版本、登录用户名等计算机环境的区别而有所不同，所以请大家保持此处通过"录制宏"记录的代码不变，**不要对路径名进行任何修改**。

后面的"**山田商务**.xlsx"则是在之前保存时输入的文件名，因此大家肯定都是一样的。

4. 对这段代码进行修改。

❶ 把前面介绍过不需要的两行代码删除。

Sheets（"山田商务"）.Select　　11:20

ChDir"D:\excel\code\第6章"

※这里在""中的内容会因人而异，无须在意，直接删除即可。

❷ 对于前面提到的超长代码行，需要把其中用不到的部分也删除。

从"\山田商务.xlsx""之后的逗号开始（包含逗号在内），直到"CreateBackup:=False"为止的部分（ActiveWindow.Close之上的代码行），请使用Delete键将其删除。

❸ 将代码"Sheets("山田商务").Copy"中的公司名称"山田商务"替换为"铃木建设"。

Sheets("山田商务").Copy → Sheets("铃木建设").Copy

❹ 代码""D:\excel\code\第6章\山田商务.xlsx""中的"山田商务"也要替换为"铃木建设"。

"\山田商务.xlsx"" → "\铃木建设.xlsx""

※如前文所说明的那样，代码中"D:\excel\code\第6章"的部分会因计算机环境不同而出现差异。

修改完成之后的代码如下图所示。

```
(通用)
Sub 宏1()
'
' 宏1 宏
'
'
    Sheets("铃木建设").Copy
    ActiveWorkbook.SaveAs Filename:="D:\excel\code\第6章\铃木建设.xlsx"
    ActiveWindow.Close
End Sub
```

5. 执行宏。

❶ 切换回Excel窗口（无论当前打开的是哪一张工作表都可以）。

❷ 执行宏。单击"开发工具"选项卡下"代码"选项组中的"宏"按钮，弹出"宏"对话框之后，直接单击"执行"按钮。

　　请打开自己计算机中保存文件时指定的文件夹（比如桌面上"我的文档"等位置），确认其中存在名为"铃木建设.xlsx"的文件。
　　为了谨慎起见，打开该文件查看A1单元格中是否为数字222（参照下图）。这样就能够确定，已经正确地将原始工作表"铃木建设"的内容保存至其他文件中了。

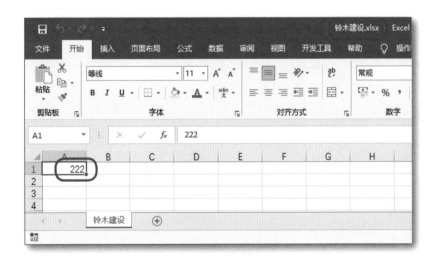

本节课到这里就结束了。这次完成的宏将会在下节课中继续使用，请妥善保存好相关文件（请务必选择文件类型为"Excel启用宏的工作簿"，文件名为gogo28.xlsm）。

※如果打算直接进行下节课的学习，为了配合课程内容，请务必先保存上述文件，关闭Excel进行重启之后，再开始后面的学习。

# 第29课
# 重命名复制的工作表并保存

扫码看视频

## 将工作表名作为文件名使用的方法

　　本节课继续学习如何通过宏操作工作表及文件。首先请准备好在上节课制作的启用宏Excel文件gogo28.xlsm。


1. 确认上节课中完成的宏代码。

❶ 打开gogo28.xlsm。如果出现安全警告，单击右侧的"启用内容"按钮。

❷ 单击"开发工具"选项卡下"代码"选项组中的Visual Basic按钮，打开之前制作的宏代码。

```
(通用)
Sub 宏1()
'
' 宏1 宏
'
'
    Sheets("铃木建设").Copy
    ActiveWorkbook.SaveAs Filename:="D:\excel\code\第6章\铃木建设.xlsx"
    ActiveWindow.Close
End Sub
```

　　上节课已经多次说明，"D:\excel\code\第6章"会因个人计算机环境的不同而有所差异。

2. 对这段代码进行修改。

❶ 为了获取工作表的名称，需要在第一行"Sheets("铃木建设").Copy"上方添加以下代码。

```
a = CStr(ActiveSheet.Name)
```

❷ 添加的代码已经将工作表名存入了变量a，因此需要把"Sheets("铃木建设").Copy"中的工作表名"铃木建设"改为a，最终代码会变为"Sheets(a).Copy"。

完成修改之后的代码如下图所示。

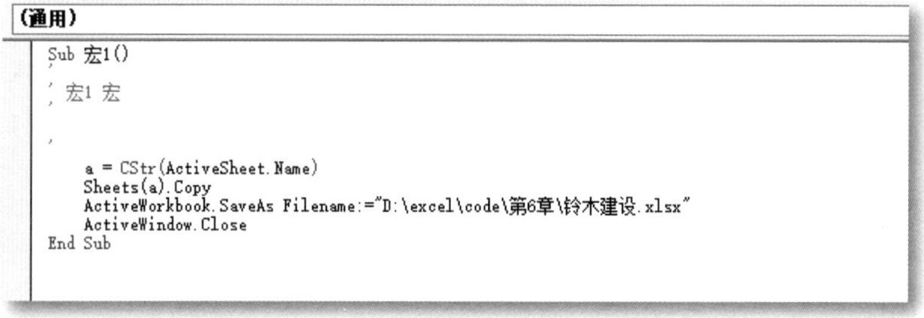

```
(通用)

Sub 宏1()
'
' 宏1 宏
'
'
    a = CStr(ActiveSheet.Name)
    Sheets(a).Copy
    ActiveWorkbook.SaveAs Filename:="D:\excel\code\第6章\铃木建设.xlsx"
    ActiveWindow.Close
End Sub
```

这里新添加的1行代码（如下）会将当前（执行宏的时候）打开的工作表名称存入变量a中。

```
a = CStr(ActiveSheet.Name)
```

3. 对这段代码进行修改，但这次会更加复杂一些，请脚踏实地一步一步执行。

❶ 把代码

"D:\excel\code\第6章\铃木建设.xlsx"

中"**铃木建设.xlsx**"删掉，将其变为以下代码。

"D:\excel\code\第6章\ "

※请留下末尾的那个""（双引号）"不要删掉。

❷ 在这一行最后输入"+"符号以及变量a。

"D:\excel\code\第6章\ " + a

修改后的代码如下图所示。

```
(通用)
Sub 宏1()
'
' 宏1 宏
'
'
    a = CStr(ActiveSheet.Name)
    Sheets(a).Copy
    ActiveWorkbook.SaveAs Filename:="D:\excel\code\第6章\" + a
    ActiveWindow.Close
End Sub
```

代码""D:\excel\code\第6章\" + a"表示的是"路径名（保存的位置）+ 工作表名（保存的文件名）"。

※前文已经多次提到过，路径""D:\excel\code\第6章\""会因每个人的计算机环境的不同而出现差异。因此请多注意，不要依照示例对其进行修改。

4. 执行宏。

❶ 切换回Excel窗口，这次请**打开"佐藤运输"工作表**。

❷ 执行宏。单击"开发工具"选项卡中"代码"选项组的"宏"按钮，弹出"宏"对话框之后，直接单击"执行"按钮。

请打开计算机中保存文件时指定的文件夹（比如桌面上"我的文档"等位置），确认其中存在名为"佐藤运输.xlsx"的文件。

为了谨慎起见，打开该文件查看单元格A1中是否为数字333（参照下图）。这样就能够确定，已经正确地将原始工作表"佐藤运输"的内容保存至其他文件中了。

至此，我们已经能够做到自动地将当前工作表的名称作为文件名进行保存了。

本节课到这里就结束了。这次完成的宏将会在下节课中继续使用，请妥善保存好相关文件（请务必设置文件类型为"Excel启用宏的工作簿"、文件名为gogo29.xlsm）。

※如果打算直接进行下节课的学习，为了配合课程内容，请务必先保存上述文件，关闭Excel进行重启之后，再开始后面的学习。

# 第30课
# 重命名复制的工作表并保存

扫码看视频

## 在文件名中加入当天日期的方法

　　本节课继续介绍保存文件用的宏。先准备好之前制作的启用宏Excel文件gogo29.xlsm。

1. 确认上节课中完成的宏代码。

❶ 打开gogo29.xlsm。如果出现安全警告，单击右侧的"启用内容"按钮。

❷ 单击"开发工具"选项卡下"代码"选项组中的Visual Basic按钮，打开宏代码窗口。

```
(通用)

Sub 宏1()
'
' 宏1 宏
'

    a = CStr(ActiveSheet.Name)
    Sheets(a).Copy
    ActiveWorkbook.SaveAs Filename:="D:\excel\code\第6章\" + a
    ActiveWindow.Close
End Sub
```

　　其中的"D:\excel\code\第6章\"会因各自的计算机环境不同而出现差异。

　　上节课完成的这段代码能够"以当前工作表名称作为文件名，将工作表内容保存到其他文件中"。本节课将在此基础上进行修改，把"工作表名+当天日期"作为保存时使用的文件名。

2. 对代码进行修改。

❶ 在第一行代码 a = CStr(ActiveSheet.Name) 的上方，为了获取当天日期，需要添加以下1行代码。

```
b = Date
```

❷ 为了把"工作表名+当天日期"作为保存时的文件名使用，需要找到定义文件名的代码行，在+a的后面加上+b，如下。

"D:\excel\code\第6章\" + a + b

修改完成的代码如下图所示。

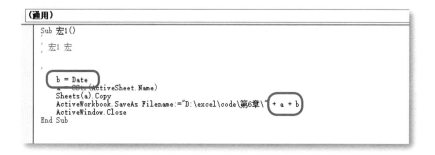

刚刚添加到代码中用于获取当天日期的这行代码

```
b = Date
```

使用了Date( )函数，将当天日期（年月日）存入了变量b。

这里提到的当天日期，指的是计算机的当前系统时间。

3. 执行一下宏试试看。

❶ 切换回Excel窗口之后，请打开**"佐藤运输"工作表**。

❷ 执行宏。单击"开发工具"选项卡下"代码"选项组中的"宏"按钮，弹出"宏"对话框之后，直接单击"执行"按钮。

执行之后，弹出了"类型不匹配"的提示信息，请单击**"结束(E)"**按钮。

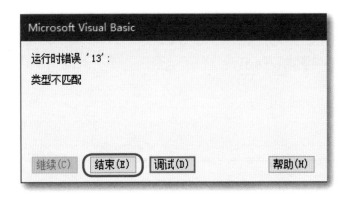

如果单击"调试"按钮，应该就会在窗口中看到某行代码被标记成了黄色背景。此时请单击上方工具栏中的"重新设置"按钮来终止调试，之后黄色高亮就会消失。

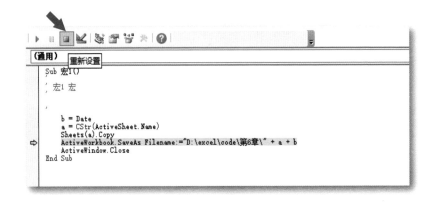

这里之所以会弹出错误提示，是因为之前提到的Date( )函数，会以2021/04/23这种格式返回当天的日期。

正如大家所知道的那样，Windows中有很多符号不可以用作文件名，比如￥/*<等。而2021/04/23中的/就是无法用于文件名的符号之一，所以代码才会出现错误提示。

4. 为了消除错误提示，再次对代码进行修改。

❶ 切换回代码窗口，将之前添加的代码行"b = Date"修改为以下的代码。

```
b = Format(Date, "_yyyy_mm_dd")
```

修改完成的代码如下图所示。

```
(通用)
Sub 宏1()
'
' 宏1 宏
'
'
    b = Format(Date, "_yyyy_mm_dd")
    a = CStr(ActiveSheet.Name)
    Sheets(a).Copy
    ActiveWorkbook.SaveAs Filename:="D:\excel\code\第6章\" + a + b
    ActiveWindow.Close
End Sub
```

这里使用了Format( )函数，在存入变量b之前对当天日期的格式进行以下修改。

```
2021/04/23 → _2021_04_23
```

可以看到分隔年月日所用的符号，修改成了能用在Windows文件名中的_（下划线）。

Format( )函数是编写VBA代码时经常用到的标准函数，掌握之后一定能够对大家今后的学习有所帮助。

5. 接下来执行一下宏试试看。

❶ 先切换回Excel窗口，之前执行出现错误后应该会留有新打开的工作簿
Book1，**请不要保存工作簿Book1**。

※在选择不保存之前，请小心确认没有误操作关闭gogo29.xlsm文件。

❷ 打开gogo29.xlsm的"佐藤运输"工作表之后执行宏。单击"开发工具"
选项卡下"代码"选项组中的"宏"按钮，弹出"宏"对话框之后，直接
单击"执行"按钮。

请打开自己计算机中保存文件时指定的文件夹（"开始"菜单中的"文
档"等），确认其中存在名为"佐藤运输_2021_04_23.xlsx"的文件。

※2021_04_23应为执行时各自计算机中的当前日期。

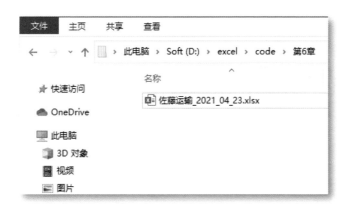

代码中设置日期格式的"_yyyy_mm_dd"与Excel中用的格式定义完全相同，以本课中的示例作为参考，假设输出的文件名要改为"佐藤运输2021年04月05日.xlsx"的形式，只需要把代码中"_yyyy_mm_dd"的部分修改为

b = Format（Date，"yyyy年mm月dd日"）

就可以了。

本节课到这里就结束了。下节课终于能够完成整个宏了，敬请期待！

这次完成的宏将会在下节课中继续使用，请妥善保存好相关文件（请务必设置文件类型为"Excel启用宏的工作簿"、文件名为gogo31.xlsm）。

※如果打算直接进行下节课的学习，为了配合课程内容，请务必先保存上述的文件，关闭Excel进行重启之后，再开始后面的学习。

## 同时保存多张工作表

上节课中完成的宏，可以自动提取当前工作表的名称，并结合当天的日期作为文件名进行保存。本节课将会完成最后的修改，让宏代码能够同时处理所有的工作表，进一步简化操作步骤。

请准备好之前制作的启用宏的Excel文件gogo30.xlsm。

1. 确认上节课中完成的宏代码。

❶ 打开gogo31.xlsm。如果出现安全警告，单击右侧的"启用内容"按钮。

❷ 单击"开发工具"选项卡下"代码"选项组中的Visual Basic按钮，打开上节课中完成的宏代码，如下图所示。

```
(通用)

Sub 宏1()

' 宏1 宏

'
    b = Format(Date, "_yyyy_mm_dd")
    a = CStr(ActiveSheet.Name)
    Sheets(a).Copy
    ActiveWorkbook.SaveAs Filename:="D:\excel\code\第6章\" + a + b
    ActiveWindow.Close
End Sub
```

本章已经反复说明过多次，"D:\excel\code\第6章\"的路径会因个人计算机环境的不同而出现差异。

上节课程中完成的这部分代码可以制作"能够复制当前工作表，并将工作表名称+当天日期作为文件名进行另存为"的宏。本节课将在代码中加入循环结构，使其成为"能够复制所有工作表，并以工作表名称+当天日期作为文件名分别进行另存为"的宏。

2. 在修改代码之前，需要先使用"录制宏"功能制作一个简单的宏。

❶ 切换回Excel窗口，保证工作表 **"佐藤运输" 在打开的情况下**开始"录制宏"。单击"开发工具"选项卡下"代码"选项组中的"录制宏"按钮，弹出"录制宏"对话框之后直接单击"确定"按钮。

❷ 打开"山田商务"工作表。

❸ 单击"开发工具"选项卡下"代码"选项组中的"停止录制"按钮结束宏的录制。

❹ 重新切换到显示代码的窗口，在左侧"模块"列表中双击"模块2"，将其打开。

可以看到窗口右侧显示了以下的宏代码。

```
(通用)

Sub 宏2()
' 宏2 宏
'
    Sheets("山田商务").Select
End Sub
```

这仅有的1行代码，就是刚刚录制下来用于"打开工作表"的宏。本节课会以这段代码作为基础，结合之前章节中学习过的"循环结构"以及Call语句制作新代码。

3. 对这段代码进行修改。

❶ 依照"循环结构基本形式"，将以上1行代码进行最简单的循环处理，如下。

```
For i = 1 To 10
    Sheets("山田商务").Select     11:20"
Next i
```

❷ 修改代码
```
    Sheets("山田商务").Select
```
中工作表名""山田商务""，使其变为以下内容。
```
    Sheets(Sheets(i).Name).Select
```

❸ 在刚刚修改的代码行下方，添加1行用来调用宏1的Call语句，如下。

```
Call Macro1
```

❹ 为了能够让循环次数与工作表的数量一致，修改

```
For i = 1 To 10
```

中的10，使其变为以下内容。

```
For i = 1 To Sheets.Count
```

---

**(通用)**

```
Sub 宏2()

' 宏2 宏

'
    For i = 1 To Sheets.Count
        Sheets(Sheets(i).Name).Select
        Call 宏1
    Next i
End Sub
```

---

修改完成的代码如下图所示。

对For语句进行修改时，使用的Sheets.Count会返回当前工作簿中"工作表数量"对应的数字。当前工作簿中包含"山田商务""铃木建设"和"佐藤运输"这3张工作表，因此能够确定Sheets.Count = 3。

另外，"Call 宏1"代表的是"在宏2中调用并执行名为宏1的宏"，在之前章节中已经学习过多次。

4. 完成修改之后，执行"宏2"看看效果。

❶ 切换回Excel窗口（这次无论打开的是哪一张工作表都没关系），执行"宏2"。

单击"开发工具"选项卡下"代码"选项组中的"宏"按钮，弹出"宏"对话框之后，**选择刚刚完成修改的"宏2"**之后再单击"执行"按钮。

※如果在执行的过程中，出现"……希望将该文件替换掉吗？"的提示信息，请全都单击"是"按钮进行替换。

打开计算机中在保存时设置的文件夹，如果能看到带有当天日期的3份文件，就说明结果是正确的。

虽然是很简短的一小段代码，但不管有多少张工作表（几十、几百甚至几千张），其全都能快速完成复制并进行另存为。

大家应该已经能够利用宏自动生成带有各种不同名称的文件了，试着输出各种情形的文件进行练习吧。本次的主题到这里就全部结束了。

# 尝试在模仿学习的过程中
# 加入自己的想法

如今，在书店和网络里都能找到大量记录着各种宏代码（VBA）的书籍和网站。然而令人感到遗憾的是，那些都是成品（由其他熟知VBA语言的人所完成的代码）。

在介绍相对详细一点儿的参考书籍或网站中，通常还会对完成之后的代码，逐行进行细致说明。

比如下面这个示例中的内容。

```
Sub Macro1()
    Dim MySeries As Series
    Worksheets（"Sheet2"）.Activate        '←指定Sheet2
        Set MySeries = ActiveSheet.ChartObjects(1)
                                          '←获取指定工作表的对象
    With MySeries.Border                  '←定义With语句
        .LineStyle = xlContinuous         '←设置线条种类
        .Color = RGB(0, 255, 0)           '←设置颜色为绿
        .
        .
        .
```

但是，这类"其他人完成的代码""刚好就是自己要用的东西！""能原封不动直接拿来使用！"的情况并不多见（即使能在某些网站上找到相似的内容）。因此，很多人都会面临"不得不把示例代码修改成能为自己所用内容……"的难题。

初学者阅读这些写好的代码（即使像前面示例中那种每行都标注详细说明）时，往往无法理解其含义，因此想要对这些代码进行进一步的修改，只是痴人说梦罢了。

本书没有采用逐行说明已完成代码的方式，而是选择对示例代码每一步的制作过程进行详细讲解，如下所示。

① 首先使用"录制宏"功能自动生成一段简单的宏代码。

② 接着对生成的代码进行修改。

③ 完成修改后试着执行代码并确认结果。

④ 针对执行结果中不满意的地方再次修改宏代码。

⑤ 修改之后重新执行代码进行确认。

⑥ 虽然执行的结果大体上是正确了，但是为了能让宏代码更加好用，继续对代码进行更多调整。

⑦ 再次执行代码并确认调整后的效果。

⑧ 使用与上次不同的数据，再执行一次代码查看结果。

这种对代码完成前的整个过程进行详尽解说的方式，可以达到"初学者也能简单上手应用"的目的。

类似上文第②步"稍微修改一下，这样的事情也能做到"以及第④步中对代码进行修改"通过这种操作，这样的事情也能做到不是吗？"，这种"反复调整"的过程，对于想要熟悉编程的人来说不失为一种很好的练习。读者选择目标相近的代码，在学习制作的过程中试着根据自身的需求进行调整、修改，逐渐掌握整个内容，使其变为自己的力量，最后就能够"制作出符合自己想法的代码"了。

请一定要在制作过程中尝试进行各种修改，最终获得一份完全切合目标的成果。

# 如何应对制作宏时出现进展不顺利的情况（稳健前行的诀窍）

　　学习编程与学习其他知识相同，从最简单的内容开始循序渐进。那些在制作宏代码时完全没有进展的初学者，大多数都妄想刚起步就一口气实现所有复杂的功能。

　　以打棒球为例，刚开始打少年棒球的小孩，第一次挥棒就想打出本垒打而全力挥击。结果别说全垒打了，恐怕球棒压根就没碰到球。首先要做的应该是瞄准内野手之间滚动的一垒安打，只要能持续击中，就算是一垒安打也能够获得大量的分数。

　　比如第4章"进步的建言"（第161页）中逐条展示的处理流程里，如果觉得想要制作出"①输入苹果的重量"的宏代码对于自己来说难度有些高，可以试着只制作"②如果大于400g则对半分"这部分内容的宏，从而达到自动化。如此一来，**就算只是利用一个很小的宏缩短工作时长，同样也能够提升制作宏时的热情。**

　　完成第一次的制作之后，选择另一项看起来较为简单的内容，像这样在力所能及范围内依次进行宏的制作，最后利用第2章中学习过的"拼接宏的方法"，将分开制作的各个宏合并为一个整体，全自动化（这就是全垒打！）也就不再只是个梦了。

　　**请在能力范围内选择自己的目标，脚踏实地一步一步向前迈进。**

## × 瞄着全垒打的人

想要的功能一口气全都做出来!

① 输入苹果的重量。

② 如果大于400g则对半分。

③ 如果小于400g则保持不变。

④ 仅使用苹果的数量循环步骤①~③。

## ○着重于一垒安打获取大量分数

由易到难,分步骤实现需要的功能。

① 输入苹果的重量。

② 如果大于400g则对半分。

③ 如果小于400g则保持不变。

④ 仅使用苹果的数量循环步骤①~③。

第7章

# 应对错误的基本方法

# 第32课
# 出现错误了怎么办

扫码看视频

## 错误处理的基础

本节课将介绍当执行宏时出现错误后的基本应对方法，一起来学习如何在短时间内尽可能高效地解决宏运行出现的问题吧。

宏在执行之后，有时候会弹出"运行时错误"的提示。可能出现的错误提示包含很多种（参考下文中的"错误提示信息示例"），结合错误实例来看看应该如何应对吧。

◆ 错误提示信息示例

| | |
|---|---|
| 9 | 下标越界。 |
| 13 | 类型不匹配。 |
| 424 | 要求对象。 |
| 438 | 对象不支持该属性或方法。 |
| 1004 | 应用程序定义或对象定义错误。 |
| 其他 | 编译错误等。 |

1. 调试与帮助。

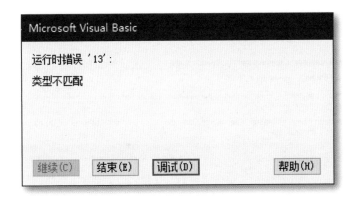

在执行宏的过程中出现错误，会弹出上图所示对话框，在其下方有"结束""调试"和"帮助"3个按钮，应该单击哪一个呢？

就结论而言，通常情况下单击"调试"按钮才是正确的选择。

单击"结束"按钮当然不能解决任何问题，对于初学者来说，"帮助"按钮又很可能无法派上用场，就算单击了"帮助"按钮，打开下图中显示的"帮助"信息，初学者很难理解其含义，只是在浪费时间而已。

## 类型不匹配（错误 13）

2019/08/14 · 🗋

Visual Basic 能够转换和强制许多值，以完成早期版本中不可完成的数据类型分配。

但是，此错误仍可能发生并具有以下原因和解决方案：

- **原因：** 变量 或 属性 不是正确类型。 For example, a variable that requires an integer value can't accept a string value unless the whole string can be recognized as an integer.

**解决方案：** 尝试仅在兼容的 数据类型 之间进行分配。 例如，"整数"始终只可分配给"Long"，"Single"始终可分配给"Double"，而任何类型（用户定义类型除外）都可分配给"变量"。

这里依照前面得出的结论，单击"调试"按钮之后，会在发生错误的代码行上用黄色进行高亮显示，如下图所示。

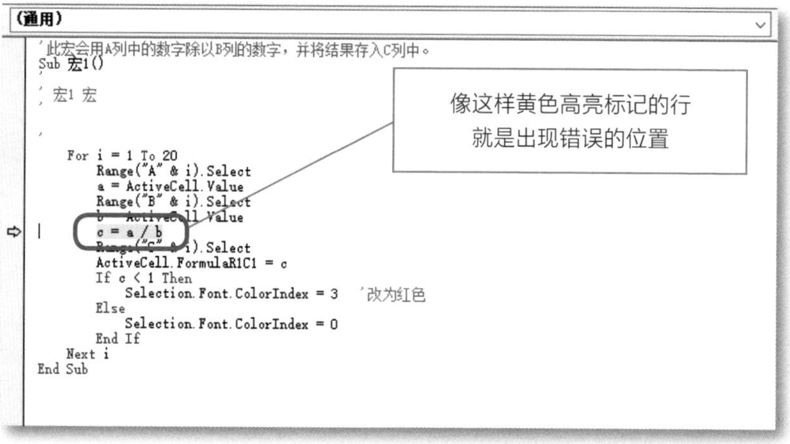

```
（通用）

'此宏会用A列中的数字除以B列的数字，并将结果存入C列中。
Sub 宏1()

' 宏1 宏

'
    For i = 1 To 20
        Range("A" & i).Select
        a = ActiveCell.Value
        Range("B" & i).Select
        b = ActiveCell.Value
⇨ |     c = a / b
        Range("C" & i).Select
        ActiveCell.FormulaR1C1 = c
        If c < 1 Then
            Selection.Font.ColorIndex = 3    '改为红色
        Else
            Selection.Font.ColorIndex = 0
        End If
    Next i
End Sub
```

像这样黄色高亮标记的行
就是出现错误的位置

### ! 本课重点

调试在英文里对应的单词是debug，表示"去除漏洞（bug）"。**找到代码中出现错误的位置之后，就可以很轻松地解决问题**。所以调试的重点就是"找出发生错误的地方！"

但是，有时出现错误的位置（黄色高亮的行）并不一定就是发生错误的原因，通常来说考虑前面的处理中是不是存在问题才是正确的做法。此时（出现错误的代码行依旧处于黄色高亮显示状态下）将光标移动到变量上，能够确认各个变量中的数值。

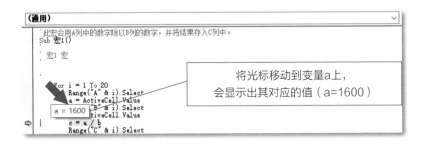

将光标移动到变量a上，
会显示出其对应的值（a=1600）

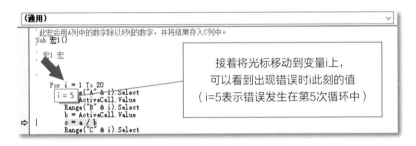

接着将光标移动到变量i上，
可以看到出现错误时i此刻的值
（i=5表示错误发生在第5次循环中）

2. 通过具体的例子来实际操作一下试试看。

❶ 打开本书提供的测试文件（test1.xlsm）。

❷ 如果出现安全警告，单击右侧的"启用内容"按钮。

❸ 不做任何修改执行一次宏试试看。单击"开发工具"选项卡下"代码"选项组中的"宏"按钮，弹出"宏"对话框之后，直接单击"执行"按钮。

❹ 确认过正确的结果（没有出现错误）之后，接下来作为练习，需要故意调整数据让宏在执行时出现错误，请依照下面的步骤进行操作。
· 清理掉上次执行中写入C列中的所有数据。
· 在B列随意挑选一行，将其中的数字500改为字母abc。

| | A | B | C |
|---|---|---|---|
| 1 | 2000 | 500 | |
| 2 | 1900 | 500 | |
| 3 | 1800 | 500 | |
| 4 | 1700 | 500 | |
| 5 | 1600 | abc | |
| 6 | 1500 | 500 | |
| 7 | 1400 | 500 | |
| 8 | 1300 | 500 | |

❺ 再次执行宏。单击"开发工具"选项卡下"代码"选项组中"宏"按钮，弹出"宏"对话框之后，直接单击"执行"按钮。

❻ 此处应该会弹出错误提示对话框，依照之前的分析结果单击"调试"按钮。

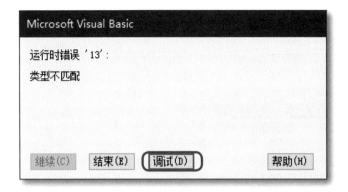

❼ 将光标移到各个变量上确认其中保存的当前值。

这里出现错误的代码行是算术表达式"c = a / b"，因为前面步骤中为了出错，故意将数据改成字符串abc（无法用于计算的字符数据），所以此时的"c = a / b"就相当于在计算"c=数字/字符"，必然就会出现错误。

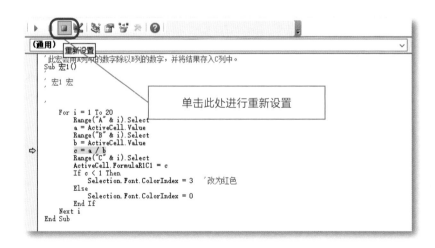

单击此处进行重新设置

切换回Excel窗口，从下图中的内容就能看出来出错的位置。比如示例中在B5单元格输入了abc，所以前面4行都在C列中显示出计算结果（因此在"调试模式"中变量i就应该是i=5）。

确认完毕后，务必在继续阅读之前完成下图中的操作，重新设置"调试模式"。

※当前的窗口还处于"调试模式"下，单击菜单栏中■按钮，就可以重新设置"调试模式"（即终止调试继续之后的操作）。

3. 出现错误时不会暂停处理的方法（错误捕获）。

使用以下"错误捕获"语句之后，处理流程不会卡在出现错误的代码行（无视这一行），而是继续执行后续的代码直到最后一行（该语句已经在第23课中使用过了）。

"错误捕获"的语句：On Error Resume Next

在test1.xlsx的"宏1"代码中添加上述语句，来确认是否可以忽略错误。

4. 通过实际操作来确认一下。

❶ 在当前代码处理流程的第一行上方，添加前文中介绍的1行语句。

```
(通用)

' 此宏会用A列中的数字除以B列的数字，并将结果存入C列中。
Sub 宏1()
'
' 宏1 宏
'
'
On Error Resume Next  ◀━━━
    For i = 1 To 20
        Range("A" & i).Select
        a = ActiveCell.Value
        Range("B" & i).Select
        b = ActiveCell.Value
        c = a / b
        Range("C" & i).Select
        ActiveCell.FormulaR1C1 = c
        If c < 1 Then
            Selection.Font.ColorIndex = 3    '改为红色
        Else
            Selection.Font.ColorIndex = 0
        End If
    Next i
End Sub
```

❷ （保持数据不变）再次执行宏。单击"开发工具"选项卡下"代码"选项组中的"宏"按钮，弹出"宏"对话框之后，直接单击"执行"按钮。

执行之后，应该不会在中途停止，最终得以完成全部20行的数据处理。这就是"错误捕获"所发挥的作用了。

| | A | B | C |
|---|---|---|---|
| 1 | 2000 | 500 | 4 |
| 2 | 1900 | 500 | 3.8 |
| 3 | 1800 | 500 | 3.6 |
| 4 | 1700 | 500 | 3.4 |
| 5 | 1600 | abc | 3.4 |
| 6 | 1500 | 500 | 3 |

# 第33课
# 掌握调试的基本方法

扫码看视频

## 对错误进行调试的方法

　　本节课将延续前一课的内容，继续学习制作宏过程中的基本调试方法（消除bug的方法）。

　　执行代码之后，就算没有出现前一节课里"出现错误导致中途停止……"的情况，也常常会发现得到的结果很奇怪（即结果不正确）。因此本节课将会介绍两种主要方法，用于结果不正确时进行调试（没有出现错误提示，但属于bug）。


1. 在指定代码行暂时停止处理的方法（断点）。
　　使用"断点"可以在指定的代码行上暂停处理流程。

❶ 打开上节课的test1.xlsm工作表。如果出现安全警告，单击右侧的"启用内容"按钮。

❷ 打开代码的窗口，首先找到想要停止的代码行，在其左侧的边框上单击，添加一个●的标记（同时整行代码都会变成褐色）。

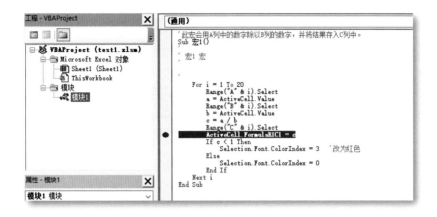

❸ 保持这个状态执行宏，就会在●标记的位置暂停运行代码。

※另外，还可以通过菜单上调试用的按钮很方便地运行宏。

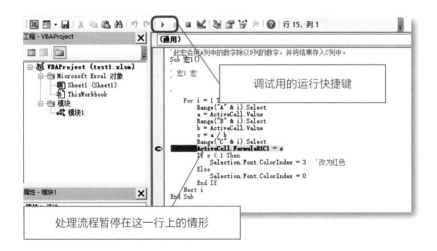

调试用的运行快捷键

处理流程暂停在这一行上的情形

❹ 与上节课中练习"调试"时的操作一样，可以将光标移动到各个变量上，查看其中当前存放的值。

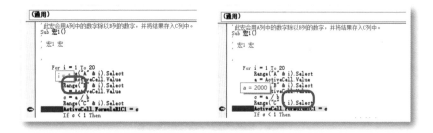

此时按下F8功能键，（每按下一次）就能够继续执行一行代码。

按下F8功能键之后会从暂停的位置开始继续向后执行1步

按下F5功能键，则执行到下个"断点"的位置（如果处于循环内则跳至下一次循环中的断点）。

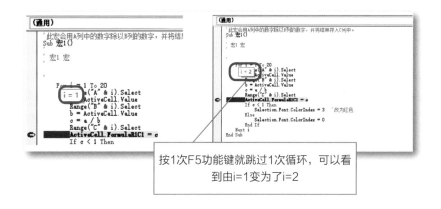

按1次F5功能键就跳过1次循环，可以看到由i=1变为了i=2

❺ 单击上方菜单栏中"重新设置"按钮终止"调试模式"。

可以在某行中设置"断点",自行尝试F8功能键的功能,并且确认变量里存放的值。请多多练习前文中提到的各种操作方法。

2. 弹出消息或者变量值的方法(对话框)。

使用"对话框"可以在弹出的对话框中显示消息或变量的值。

"对话框"的基本语句如下。

MsgBox a  (这里的a指的是变量名)

❶ 在代码中加入这行基本语句之后试着执行一下宏看看结果。

【使用示例】

```
Range("A" & i).Select
a = ActiveCell.Value
MsgBox a ◀
```

❷ 确认变量的值之后，单击"确定"按钮关闭对话框。

※这段代码会循环20次，因此"对话框"同样也会弹出20个，需要重复单击20次"确定"
按钮。

【注意】在重复次数非常多的循环中使用"对话框"，会陷入不得不反复单
击很多次"确定"按钮的窘境，还请多加小心。

# 不知道数据末尾在哪里时也能循环至最后一行的方法

```
n = Cells(Rows.Count, "A").End(xlUp).Row
```

是用来"找出A列最后一行在哪里"的基本语句。

对于这行看起来有些复杂的语句，完全没有死记硬背的必要，只需要在处理有多少行数据不明的工作表时，或者是处理包含数据的行数每次都在变化的工作表时，把这1行语句直接复制进去使用就好了。

使用语句之前唯一需要注意的，就是前一个()中的A，如果想要调查C列就改为C，想要调查F列就改成F。举例如下，

```
n = Cells(Rows.Count, "F").End(xlUp).Row
```

以上这段代码可以将F列最后一行的位置存入变量n中，接下来就可以使用n控制循环的次数了（For i = 1 To n）。

只要有这行语句，无论数据有多少行，或是不清楚到底有多少行，甚至每次执行时的行数都不一样，都能使用相同的代码。

```
m = Cells(1, Columns.Count).End(xlToLeft).Column
```

以上这段语句可以获得某一行里最后一列的位置（列号）。

```
m = Cells(5, Columns.Count).End(xlToLeft).Column
```

以上这段语句能够将表格第5行最多到哪一列为止的信息存入变量m
（此处获得的内容是列对应的数字，比如m=3表示的是从左数第3列，也就
是C列）。

# 写在结尾的话：
# 锻炼实际运用的能力！

本书内容介绍到这里，相信大家应该已经充分地体会到本书的**课程型宏学习法（通过实际操作来理解宏）**与其他书籍的不同之处了。

对于宏的制作来说，最重要的是**能够应用**。毕竟每个人制作宏的目的（希望通过自动化完成的Excel操作）是不同的，就好像一千个人心中就有一千个哈姆雷特。如果不能满足自己的需求，就算学会如何制作宏也没有意义。

本书的宗旨在于搭建一个能够提升实际应用能力的平台（能够通过实际操作进行自学的场所）。举例来说，最开始第1课中所介绍的内容，可以做出以下的宏。

gogo01_B10中显示公司名.xlsm

gogo01_C20中显示部门名.xlsm

gogo01_E1和E2中分别显示父母的姓名.xlsm

gogo01_G1G2G3中分别显示县名、市名、门牌号.xlsm

第2课到第4课的内容，则能够制作以下的宏。

gogo04_收支额+差额表.xlsm

gogo04_收支额+差额+小计表.xlsm

gogo04_收支额（4月至次年3月间的年度表）.xlsm

gogo04_收支额（共3年的表格）.xlsm

根据大家各自的需求，每节课中的内容，都能很简单地构想出近乎无限的应用练习，请多多发挥自己的好奇心，不断进行各种各样的应用练习。

本书的课程会从头到尾详细介绍每一步的制作过程，即使读者从中间开始阅读也可以轻松地上手运用。读者只要多加练习，其应用能力自然也就能得到更多的提升。

**通过本书课程不断提高自身的实际运用能力，让Excel的应用变得更加有效率，就是笔者最大的心愿。**

卷末附录1

# 初级宏语法集

※蓝色字体的内容在使用时需要根据实际情况进行调整。

## （1）选择单元格

| No. | 语句 | 说明 | 参考课程 |
|---|---|---|---|
| 1 | Range("B2").Select | 选择1个单元格（B2单元格） | 1 |
| 2 | Range("A1:C3").Select | 选择多个单元格（A1:C3单元格区域） | |
| 3 | Cells(1, 2).Select | 选择单元格（B1单元格） | |
| 4 | Rows("1:5").Select | 选择多行（第1行到第5行） | 18 |
| 5 | Range("1:5").Select | 选择多行其2（第1行到第5行） | 25 |
| 6 | Columns("D:F").Select | 选择多列（D列到F列） | |
| 7 | Cells.Select | 选择所有单元格 | |
| 8 | ActiveCell.Offset(1, 0).Activate | 移动当前单元格（向下移动1格） | 11 |
| 9 | ActiveCell.Offset(0, 1).Activate | 移动当前单元格（向右移动1格） | |
| 10 | ActiveCell.Offset(−1, 1).Activate | 移动当前单元格（向右上移动） | |

## （2）单元格处理

| No. | 语句 | 说明 | 参考课程 |
|---|---|---|---|
| 11 | ActiveCell.FormulaR1C1 = "你好" | 将数据写入单元格 | 1 |
| 12 | a = ActiveCell.Value | 获取单元格的值（存入变量a） | 5 |
| 13 | Selection.Copy | 复制单元格的值 | |
| 14 | ActiveSheet.Paste | 粘贴之前复制的值 | |
| 15 | a = ActiveCell.Row | 获取当前单元格的行号（存入变量a） | 17 |
| 16 | a = Cells(Rows.Count, "B").End(xlUp).Row | 获取B列最后一项数据所在位置的行号（存入变量a） | 33 |
| 17 | Selection.ClearContents | 删除当前单元格中的数据 | |

## （3）工作表处理

| No. | 语句 | 说明 | 参考课程 |
|---|---|---|---|
| 18 | Sheets("Sheet2").Select | 打开工作表（工作表名为Sheet2） | 9 |
| 19 | Sheets("Sheet2").Copy | 复制工作表（工作表名为Sheet2） | 28 |
| 20 | For i = 1 To Sheets.Count | 仅重复工作表数量次数的循环结构 | |
| 21 | a = CStr(ActiveSheet.Name) | 获取工作表名称（存入变量a） | 9 |
| 22 | Sheets(a).Name = "abc" | 将工作表名改为abc | |
| 23 | Sheets.Add | 创建新工作表 | 4 |

**（4）字符串处理**

| No. | 语句 | 说明 | 参考课程 |
|---|---|---|---|
| 24 | a = Trim(a) | 去除空白（仅限头尾空格（不分全角半角）） | |
| 25 | a = "abc" & "def" | 合并字符串（a = "abcdef"） | |
| 26 | s = Len("abcdef") | 字符串长度（s = 5） | 13 |
| 27 | a = Mid("abcdef", 3, 2) | 从字符串中第3个字符开始取出2个字符（a = "cd"） | 13 |
| 28 | a = Left("abcdef", 2) | 从字符串（最）左边开始取出2个字符（a = "ab"） | |
| 29 | a = Right("abcdef", 2) | 从字符串（最）右边开始取出2个字符（a = "ef"） | |
| 30 | a = StrConv("ABcdEF",vbUpperCase) | 将字符串改为大写字母（a = "ABCDEF"） | |
| 31 | a = StrConv("GHijKL",vbLowerCase) | 将字符串改为小写字母（a = "ghijkl"） | |
| 32 | a = StrConv("ABC", vbWide) | 将半角改为全角（a = "ＡＢＣ"） | |
| 33 | a = StrConv("DEF", vbNarrow) | 将全角改为半角（a = "DEF"） | |

**（5）日期处理**

| No. | 语句 | 说明 | 参考课程 |
|---|---|---|---|
| 34 | s = Weekday(Now()) | 当天星期对应的编号（星期日为1、星期一为2……星期六为7） | 20 |
| 35 | s = Weekday("2021/04/21") | 2021年4月29日的星期编号（s = 4（星期三）） | 20 |
| 36 | a = Format(Now, "aaa") | 返回当天星期的日语（日~六） | |
| 37 | a = format("2019/12/5", "aaa") | 返回当天星期的日语（日~六） | 30 |
| | a = Format("2021/04/29","aaa") | 返回2021年4月29日星期的日语（日~六）（a = "木"） | 30 |
| 38 | a = Format(Date, "yyyy/mmdd") | 以2021/01/01的格式返回当天日期 | 30 |
| 39 | a = Format(Date, "yyyy年mm月dd日") | 以2021年01月01日的格式返回当天日期 | 30 |
| 40 | s = Year(Now()) | 返回今年的年份（今年为2021年因此s = 2021） | |
| 41 | s = Month(Now()) | 返回本月的月份（本月是4月因此s = 4） | |
| 42 | s = Day(Now()) | 返回当天的日（当天是29号因此s = 29） | |

**（6）工作簿处理**

| No. | 语句 | 说明 | 参考课程 |
|---|---|---|---|
| 43 | Workbooks. OpenFilename:="abc.xlsx" | 打开Excel文件 | |
| 44 | ActiveWorkbook.Save | 保存工作簿 | 28 |
| 45 | ActiveWorkbook. SaveAsFilename:="abc.xlsx" | 工作簿另存为 | 28 |
| 46 | ActiveWorkbook.Close True | 保存并关闭工作簿 | |
| 47 | ActiveWorkbook.Close False | 不保存直接关闭工作簿（更新内容会直接丢弃） | |
| 48 | ActiveWorkbook.Close | 关闭工作簿（若是存在更新则会弹出提示对话框） | 28 |
| 49 | Windows("abc.xlsx").Activate | 如果同时打开多张工作簿，激活指定名称的工作簿 | |
| 50 | Application.Quit | 结束Excel | |

# 初级宏检测

## 题目

仔细阅读下页的注意事项，使用样例数据test2.xlsx，制作出能够实现以下所有功能（条件）的宏。

## 样例数据test2.xlsx

※打开随书附赠的实例文件，获取相关Excel工作表。

| | A | B | C | D | E | F |
|---|---|---|---|---|---|---|
| 1 | 姓 | 名 | 身高 | 体重 | 姓名 | |
| 2 | 阿部 | 帆花 | 164.6 | 58 | | |
| 3 | 渥美 | 优 | 179.4 | 80 | | |
| 4 | 安原 | 凑斗 | 178.2 | 85 | | |
| 5 | 安西 | 航大 | 179.3 | 80 | | |
| 6 | 安川 | 飒太 | 183.6 | 70 | | |
| 7 | 安东 | 葵 | 155.5 | 42 | | |
| 8 | 伊达 | 和真 | 182.8 | 70 | | |
| 9 | 井泽 | 铃 | 162.2 | 52 | | |
| 10 | 矶贝 | 葵斗 | 174.7 | 77 | | |
| 11 | 稻村 | 美樱 | 156.5 | 45 | | |
| 12 | 宇田 | | 162.5 | 88 | | |
| 13 | 浦 | 悠斗 | 182.3 | 65 | | |
| 14 | 永濑 | 心咲 | 160.9 | 52 | | |
| 15 | 益子 | 翔 | 182.7 | 70 | | |

Sheet1　bkup　⊕

1. 根据工作表Sheet1的数据，将姓（A列）与名（B列）拼接成完整的姓名后存入E列"姓名"中。

另外，姓和名之间需要添加1个空格（半角空格）。

2. 工作表"名"（B列）中存在空白（无数据）的情况，若是找到空白单元格，需要将该单元格（B列）填充为黄色。不过"姓"（A列）并不存在数据缺失的情况。

3. 依照身高（C列）的降序（从高到低）对全部数据进行排序。

4. 除了要实现以上功能之外，还需要满足以下条件。
- 只执行1次宏就可以完成上述1~3项的全部处理过程。
- 需要能够应对不同的数据量（每次执行均会改变）。
- 数据从表格第2行开始，至少会含有1人份的数据，但是最大数量不确定，并且表格的第1行固定为表头。

## 注意事项

※测试数据在工作表bkup中存有另一份完全相同的备份数据，如果在执行的过程中数据出现了不可逆的破坏，请复制工作表bkup中的数据，以恢复原工作表中的内容。

※不接受关于问题的任何提问。如果实在有不明白的地方，请自己思考并给出最合适的解答。

※答题时间限制在60分钟内。
请准备好闹钟或者计时器等工具，自行肩负起时间管理的责任。

※测试是完全开卷的。除了下一页中的标准答案以外，可以参考其他任何内容（请在与工作或自家相同的环境中制作宏，把该题目作为能够了解自己真正实力的测试来解答）。
　　另外，这里只会考核制作出来的宏代码是否能够满足上述的各项要求，对于代码格式的好坏（不管是代码的整洁度或是注释等内容）没有任何要求。

## 标准答案示例

下图代码为参考用的标准答案之一。

```
(通用)                                                                          ∨

Sub 宏1()
'
' 宏1 宏
'

    n = Cells(Rows.Count, "B").End(xlUp).Row
    For i = 2 To n
        Range("A" & i).Select
        a = ActiveCell.Value
        Range("B" & i).Select
        b = ActiveCell.Value
        If b = "" Then
            Call 宏2
        End If
        Range("E" & i).Select
        ActiveCell.FormulaR1C1 = a & " " & b
    Next i

    Cells.Select
    ActiveWorkbook.Worksheets("Sheet1").Sort.SortFields.Clear
    ActiveWorkbook.Worksheets("Sheet1").Sort.SortFields.Add Key:=Range( _
        "C2:C" & n), SortOn:=xlSortOnValues, Order:=xlDescending, DataOption:= _
        xlSortNormal
    With ActiveWorkbook.Worksheets("Sheet1").Sort
        .SetRange Range("A1:F" & n)
        .Header = xlYes
        .MatchCase = False
        .Orientation = xlTopToBottom
        .SortMethod = xlPinYin
        .Apply
    End With

End Sub
Sub 宏2()
'
' 宏2 宏
'

    With Selection.Interior
        .Pattern = xlSolid
        .PatternColorIndex = xlAutomatic
        .Color = 65535
        .TintAndShade = 0
        .PatternTintAndShade = 0
    End With
End Sub
```

※代码的编写方式或是注释（上面的示例中完全没有添加），与是否合格
的判定没有任何关联。